Eckhard Schinkel (Hg.)

SCHIFFSHEBEWERKE IN DEUTSCHLAND

Ship Lifts in Germany

Übersetzung: Roy Kift

KLARTEXT

Schiffe über Land tragen oder ziehen (Darstellung aus dem 16. Jh.)
Carrying boats overland (16th century)

Eckhard Schinkel (Hg.) Schiffshebewerke in Deutschland
Ship Lifts in Germany

Übersetzung: Roy Kift, Essen

Bild Umschlag vorn: Altes Schiffshebewerk Henrichenburg 2001, Dortmund (D) / Foto: LWL-Industriemuseum (Annette Hudemann)

Die Deutsche Bibliothek verzeichnet diese Publikation in der Deutschen Nationalbibliografie; im Internet über <http://dnb.ddb.de> abrufbar.

Herausgegeben im Auftrag des Landschaftsverbands Westfalen-Lippe

LWL-Industriemuseum – Kleine Reihe 28

2. überarbeitete, erweiterte und aktualisierte Auflage

Redaktion: Eckhard Schinkel

Bitte bedenken Sie, dass aktuelle Angaben geändert werden können.

Layout Innenseiten: Thomas Mengel, Berlin

ISBN 978-3-8375-1864-1

Eckhard Schinkel (Hg.)

SCHIFFSHEBEWERKE IN DEUTSCHLAND

Ship Lifts in Germany

Übersetzung: Roy Kift

Zweite überarbeitete, erweiterte und aktualisierte Auflage
Second revised, expanded and updated edition

Für die Menschen.
Für Westfalen-Lippe.

Faszination Technik

Jedes Schiffshebewerk ist ein Höhepunkt seiner Wasserstraßen-Landschaft. Als ein Highlight der Industriekultur in Nordrhein-Westfalen und in ganz Deutschland ist das Schiffshebewerk Henrichenburg ein außergewöhnlicher Anziehungspunkt: Über eine Million Besucherinnen und Besucher, zunehmend auch aus dem Ausland, haben das LWL-Industriemuseum Schiffshebewerk Henrichenburg seit seiner Eröffnung im Jahr 1992 besucht.

Jedes Hebewerk ist dabei einzigartig und immer ein freundlicher Botschafter der Technik. Zugleich gehört es zu einer großen internationalen Familie. Wie zwischen Familienangehörigen bestehen zwischen diesen Werken der Technik im In- und Ausland viele spannende Beziehungen. Internationaler Austausch des Wissens prägte und prägt die Industriekultur zu jeder Zeit. Das Buch „Schiffslift. Die Schiffshebewerke der Welt. Menschen – Technik – Geschichte", das das LWL-Industriemuseum im Jahr 2001 dazu veröffentlichte, stellte diese Geschichte erstmals ausführlich dar. Grundlage war, wie im Auftrag unseres Industriemuseums festgelegt, eine engagierte und umfassende Forschung. Das Buch wurde ein großer Erfolg und inzwischen ins Chinesische übersetzt. Die Schaulust an der Technik besteht weltweit. Das kleine, neue Buch zu den Schiffshebewerken in Deutschland knüpft daran an. Faszination Schiffshebewerke.

Aktualität: Im Spiegel internationaler Beziehungen stellt nun dieses Buch auch die neusten Entwicklungen wie den Hebewerks-Neubau Niederfinow und das Jointventure mit China vor.

The fascinating world of ship lifts.
Every ship lift is a high point on the waterways. The Old Henrichenburg Ship Lift is not only a highlight of industrial heritage in North Rhine Westphalia – indeed in Germany – it is a hugely popular venue amongst the general public. Since it was opened in 1992, a million visitors from home and abroad have visited the LWL industrial museum.

Every ship lift is unique and they are all friendly messengers of technology. At the same time they all belong to a huge international family. As in other families, there are many interesting relationships between all the different ship lifts at home and abroad. There has always been an exchange of knowledge concerning industrial heritage. This book, which was first published by the LWL industrial museum in 2001, provides the first comprehensive overview of the history of ship lifts. As laid down in our industrial museum, the basis of our work is founded on a committed and thorough study of the chosen subject. The original publication was a huge success, and has since been translated into Chinese.

All over the world people are curious about technology. This new book on ship lifts in Germany will, I am sure, help to satisfy this curiosity.

This book reflects our international connections and presents the latest developments all over the world from the new ship lift in Niederfinow to the joint-venture with China.

Postkarte (um 1962)
Postcard

Die qualitätvolle Buchgestaltung greift die Schaulust auf und führt die vielen, zum Teil unbekannten Bilder, die Beschreibungen und Informationen zusammen. Mit der Übersetzung ins Englische ist das Buch zudem ein Angebot für die Freundinnen und Freunde der Industriekultur aus dem Ausland. Es möchte Brücken schlagen und zum Wissensaustausch anregen: Schiffshebewerke verbinden.

Ich wünsche den Schiffshebewerken und diesem Buch eine weiter wachsende Fan-Gemeinde.

Dirk Zache
Direktor LWL-Industriemuseum

The high-quality design of the book acknowledges people's curiosity to look at ship lifts and brings together many hitherto unknown pictures, descriptions and information. In providing an English translation, we hope to cater for fans of industrial heritage all over the world. Our object is to build bridges, for one thing is certain: ship lifts help to link people.

I can only hope that this book will help to increase the numbers of people interested in the fascinating history of ship lifts.

Dirk Zache
Director LWL Industrial Museum

Inhalt

Contents

VORWORT

Preface

Technik ist Kultur! Große Technik fasziniert, Schiffshebewerke ziehen besonders große Aufmerksamkeit auf sich. Sie sind Monumente der Ingenieur- und Baukunst, sie stehen für moderne Technik, Forschung und Entwicklung. Doch sie sind mehr als Maschinen zur Hebung und Senkung von Schiffen. Ob in Europa, Amerika oder Asien: Schiffshebewerke sind freundliche Landmarken und Geschichts-Zeichen.

Jedes Jahr besuchen ungezählte Menschen die Schiffshebewerke der Welt, und jedes Jahr kommen mehr. Viele treibt die Schaulust an der großen Technik und an ihren kollektiven Bildern. Dem technischen Monument und seiner machtvollen Präsenz gegenüber vergewissert man sich des eigenen Standpunkts neu. Schaulust wird zum Schaufrust, wenn sich Besucherinnen und Besucher dabei mit technischen Daten, kargen Funktions-Beschreibungen und stummer Bewunderung der Technik begnügen sollen. Schaulust und lebendige Gegenwart gehören zusammen. Zu den Daten und Fakten der Ingenieure gehören die umfassenderen Wirklichkeiten der Industriekultur, in denen und mit denen wir leben.

„Faszination Schiffshebewerke“: Technik-Entwicklung fasziniert besonders dann, wenn man erkennt, wie sie Grenzen überschreitet, wie sie den verschlungenen Wegen des Wissens folgt, wie sie Erfolge erringt und gelegentlich in einer Sackgasse endet. Davon handelt der erste Teil des Buchs. Der zweite beschreibt die Senkrecht-Hebewerke in Deutschland mit kurzen Abschnitten zur Geschichte, zu Technik und Architektur und zu ihrer aktuellen Situation. Diese Texte lehnen sich an die entsprechenden Passagen aus dem Buch des Verfassers „Schiffslift. Die Schiffshebewerke der Welt“ (2001) an. Am Schluss jedes Kapitels stehen ausgewählte Daten und Fakten.

Mit den umstrittenen Stilllegungen der Hebewerke Henrichenburg (2005) und Rothensee (2006), den letzten Schwimmer-Hebewerken, gerieten diese Anlagen und der Kampf um ihre betriebliche Erhaltung erneut ins Licht der Öffentlichkeit. In den Schatten rückten ein Neubau-Projekt in Deutschland und eins in China. Diese Entwicklungen, aber auch neue Einsichten in die Geschichte der Schiffshebewerke stellt dieses Buch vor.

Eckhard Schinkel

Technology is culture! There is something fascinating about large-scale technology. Ship lifts are particularly captivating because they are more than simply machines for raising and lowering ships.

Ship lifts are monuments to the art of engineering and construction: symbols of modern technology, research and development in Europe, America and Asia. Ship lifts are welcoming landmarks and also historical landmarks!

Every year countless people visit ship lifts all over the world. The numbers are growing. A lot of people are driven by curiosity to come and see the technology which often throws up archaic images of power like the Prometheus myth, thereby forcing them to reconsider their own attitudes to power and technology. But curiosity can easily turn to frustration if they are simply expected to appreciate the cold facts, technical data, and barren descriptions of all the different functions, or to simply stand and gaze at them open-mouthed in wonder. Curiosity should go hand in hand with contemporary realities, for life does not simply consist of facts and data. Such relationships and stories are the primary concerns of this book.

"The fascinating world of ship lifts". Technological developments are particularly fascinating when we are able to see how they blaze new trails, follow the twisting paths of knowledge, turn into success-stories and sometimes even end up in dead-ends. All this is dealt with in the first part of the book. The second part describes individual vertical ship lifts in Germany, with short sections on history, technology and architecture and their current situation. These texts are based on my book "Schiffslift. Die Schiffshebewerke der Welt" (2001). At the end of each chapter I shall provide a selection of data and facts.

Ship lifts are in the news once again. In Germany there are lively debates on the closures of the last two "float" ship lifts in Henrichenburg (2005) and Rothensee (2006); and attempts are being made to keep them in operation. Following hard on their heels are two new building projects in Germany and China. This book will be presenting these developments as well as the latest knowledge on the history of ship lifts. It hopes to build bridges between the world of technology and interested public opinion thus, like ship lifts, linking places and people.

Eckhard Schinkel

Blick auf ein Schiff im Trog des Schiffshebewerks Lüneburg (Gemälde von Alexander Calvelli, 2006)

Looking down onto a barge in the trough of the Luneberg ship lift

Vorwort zur zweiten Auflage

Preface to the second edition

Das Interesse an den Schiffshebewerken als Highlights der Industriekultur ist ungebrochen. Auf Grund der anhaltenden Nachfrage nach dem vorliegenden Buch hat sich das LWL-Industriemuseum zu einer Überarbeitung, Erweiterung und Aktualisierung entschlossen. Das ursprüngliche Konzept blieb unverändert. Die Schiffshebewerke in Deutschland werden in ihren technischen Grundzügen anschaulich und verständlich beschrieben. Ingenieurtechnische Einzelheiten bleiben der Fachliteratur vorbehalten. Was dort jedoch vielfach ausgeblendet wird, stellt dieses Buch schlaglichtartig in den Vordergrund: Technikentwicklung in einem Spannungsfeld, das von „Technikstilen" (Th. P. Hughes) ebenso wie von wirtschaftlichen und sozialen, von ökologischen und manchmal auch von persönlichen Interessenkonflikten geprägt wird.

Die Geschichte der Schiffshebewerke der Welt ist in Bewegung. Mit der Überarbeitung ergab sich nicht nur die Gelegenheit zur Aktualisierung, sondern auch zur Berücksichtigung technikgeschichtlicher und industriekultureller Forschungen aus jüngerer Zeit. In einem neu aufgenommenen Kapitel werden zwei vergessene und erst vor kurzem wiederentdeckte Schiffshebewerke, die Faltboot-Hebewerke bei Hausen am Obermain und bei Maria Steinbach an der Iller, vorgestellt.

Die Geschichte der Schiffshebewerke in Deutschland war und ist nicht ohne die allgemeine Geschichte der Schiffshebewerke zu verstehen. Transnationaler Wissenstransfer und internationale Kooperationen haben an Bedeutung ebenso zugenommen wie die Wahrnehmung von Schiffshebewerken als Geschichtszeichen und Landmarken. Insofern endet die Übersicht nicht mit dem jüngsten Hebewerk in Deutschland, dem Neuen Schiffshebewerk Niederfinow, sondern – als Ergebnis einer chinesisch-deutschen Zusammenarbeit – mit der Aufnahme des Probebetriebs am größten Senkrecht-Hebewerk der Welt am Drei-Schluchten-Damm in China. Die Bildbeispiele am Schluss des Buchs belegen: China ist das Land mit den meisten Schiffshebewerken.

Ich bedanke mich sehr bei allen Leserinnen und Lesern, die mir mit ihren Informationen, mit Kritik und Anregungen bei dieser Überarbeitung geholfen haben.

Eckhard Schinkel

Interest in shiplifts as highlights of industrial heritage remains unbroken. Because of continuing demand, the LWL industrial museum has decided to revise, expand and update this book. The original concept remains the same. The technical characteristics of shiplifts in Germany will be presented in a vivid and comprehensible fashion. We have left engineering details to specialist publications. However this book intends to throw a spotlight on something that is often overlooked: technical developments in areas ranging from "technical styles" (Th. P. Hughes) to conflicts arising from economic, social, ecological and sometimes also personal interests.

The history of the world's shiplifts is continually changing. This revised edition has given us the opportunity, not only to update the book but also to take account of recent research into technical history and industrial heritage. A completely new chapter will present two forgotten and only recently rediscovered shiplifts, the folding-boat (canoe) lifts near Hausen on the Upper Main and Maria Steinbach on the River Iller.

The history of shiplifts in Germany cannot be understood without some knowledge of the general history of shiplifts. The transnational exchange of knowledge and cooperation at international level have increased in importance, as has the perception of

▲ **Dampfschlepper „Cerberus" hat das Schiffshebewerk Henrichenburg verlassen und nimmt Fahrt auf (Gemälde von Alexander Calvelli, 2017)**
Steam tug "Cerberus" leaving the Henrichenburg ship lift

shiplifts as signs of history and landmarks. Hence this overview does not end with the most recent shiplift in Germany, the New Niederfinow Shiplift, but – and this is the result of a joint Chinese-German project – with the start of trials at the largest vertical shiplift in the world at the Three Gorges Dam in China. The pictures at the end of the book will show that China is the country with the most shiplifts.

I should like to thank all those readers whose criticism and encouragement have helped my work on this second edition.

Eckhard Schinkel

1

Eckhard Schinkel

Die faszinierende Welt der Schiffshebewerke

The Fascinating World of Ship Lifts

Vorläufer

Faszinierende Technik, Symbole für Fortschritt und Erfindergeist, attraktive Landmarken: In schöner Selbstverständlichkeit präsentieren sich die spektakulären Schiffshebewerke der Welt. Wie bei den Fördertürmen die Welt untertage, wird hier die leise Welt der Wasserstraßen greifbar. Die Frage ist alt: Wie kommt das Schiff über den Berg? Schiffshebewerke sind die Antwort.

Ob im alten Ägypten, im alten China, im antiken Europa: Unter großen Strapazen für Menschen und Material zog die Schiffs-Besatzung ihr Boot aus dem Wasser und schleppte oder schleifte es über eine Landenge hinweg, über einen Hang oder einen Bergrücken zwischen zwei Wasserwegen. Um die Arbeit zu vereinfachen, nutzten sie die mechanischen Kräfte von Hebel und Rolle. Schleifbahnen aus griechischer und römischer Zeit wurden in Griechenland, Albanien und Italien nachgewiesen.

Den Schiffsbetrieb auf dem „Karlsgraben", dem bedeutendsten Kanal-Projekt aus dem frühen Mittelalter in Europa, muss man sich ohne diesen entwickelten Wegebau vorstellen. Karl der Große hatte eine Wasser-Verbindung zwischen den Flüsschen Altmühl und Rezat anlegen lassen und damit erstmals die großen Fluss-Reviere von Rhein und Donau verbunden. Neuste Forschungen gehen davon aus, dass dieser Wasserweg zwar fertig gestellt wurde, sich jedoch als unwirtschaftlich erwies und aufgegeben wurde. Luftbild-Archäologen fanden heraus, dass dieser Wasserweg aus einer Reihe von Kanal-Strecken – länglichen Seen – bestand. Die Schiffe wurden über Schleifbahnen von See zu See gezogen. Die Kammerschleuse, mit deren Hilfe diese Wasser-Haltungen hätten verbunden und eine Wasserscheide hätte überwunden werden können, gab es noch nicht.

Auch die Wikinger zogen ihre Schiffe über Landengen etwa zwischen Ost- und Nordsee oder bei Tarbert an der Westküste Schottlands. In Russland nutzten die von der Hanse beauftragten Schiffer solche Schleif- oder Schleppbahnen, „Woloki", auf dem Wasserweg zum Schwarzen Meer. In den Niederlanden zog man ein Schiff lieber über einen Deich, als ein Tor in den Deich zu bauen und damit seine Stabilität zu gefährden. Diese „overtoome" (auch „overhaal" und „overlaat") waren zumeist einfache Maschinen, bei denen die Schiffe mit Hilfe von Menschenkraft und Winden aus dem Wasser und über ein Hindernis hinweg gezogen wurden.

Precursors

Ship lifts all over the world have a spectacular self-evident fascination. They are symbols of technology, progress and invention; and also attractive landmarks. They help us to understand waterways better, just as pithead towers give us a clearer idea of how collieries work. It's an age-old question: how does a ship get over a hill? Ship lifts are the answer.

The sailors of ancient Egypt, China and Europe all shared the same problem. Crews had the strenuous task of heaving the boat and its goods out of the water and carrying or dragging it over an isthmus, a slope or a hillside from one waterway to the next. In order to make things easier they made use of mechanical aids like pulleys and levers. There is written evidence of slipways existing in ancient Greece, Albania and Italy.

Nautical activities on the "fossa Carolina", the most famous early mediaeval canal project in Europe, had to do without such a sophisticated solution. The Emperor Charlemagne had constructed a channel to connect the River Altmühl with the River Rezat in Germany. In doing so he was the first to link the river systems of the Rhine and Danube. The latest research assumes that the channel was completed, but proved so uneconomic that it was abandoned. By using aerial photos, archaeologists have discovered that this waterway consisted a series of canals or long ponds. The ships would be dragged from pond to pond over slipways. There were no locks to link the sections of water.

The Vikings too hauled their ships over isthmuses like that between the Baltic sea and the North sea, or near Tarbert on the west coast of Scotland. In Russia sailors commissioned by Hanseatic merchants used similar slipways or towing tracks known as

Technische Entwicklung vollzog sich zuerst als praktische Problem-Lösung. Die Baumeister gaben ihre Erfahrungen weiter. Dabei suchte man nach Gesetzmäßigkeiten und begann, sie zu erforschen. Die Neuzeit baute darauf auf. Findige Praktiker und Konstrukteure, Kunst-Meister, Künstler- und Zivil-Ingenieure entwarfen zunächst einfache, später immer kompliziertere Maschinen, so auch für die Hebung von Schiffen: geneigte Ebenen, Schleusen, Senkrecht-Hebewerke.

Dieses Wissen war wertvoll und begehrt. Es überwand Grenzen, wurde kopiert, spornte zu Verbesserungen und zu neuen Erfindungen an. Sobald Erfahrungen aufgezeichnet wurden, lösten sie sich von Personen. Ende des 16./Anfang des 17. Jahrhunderts entstand und verbreitete sich eine neuartige Fachliteratur. In Italien, Frankreich und in den Niederlanden – dort wo der Bedarf groß und aktuell war und dort, wo die finanziellen Möglichkeiten bestanden – erschienen die ersten Bücher über den Wasserbau. Übersetzungen sorgten für die Verbreitung auch im deutschsprachigen Raum. Nicht nur Bücher bewahrten und verbreiteten technisches Wissen. Es spiegelte sich auch in Bildern und Plänen, in Modellen, Skizzen und Beschreibungen, am eindrucksvollsten aber in den Maschinen und Bauwerken selbst.

Vision oder Wirklichkeit: die geneigten Ebenen am Canal d'Ypres bei Nieuport (Belgien, um 1550)
Fact or fiction: inclined planes at the Canal d'Ypres (Belgium)

"Woloki" on the waterway to the Black Sea. In the Netherlands the mariners preferred to tug their ships over the dykes rather than build a gate into the dyke and endanger its stability. These "overtoome" (they were also called "overhaal" and "overlaat") were mostly simple machines by means of which the crew could pull the ships out of the water and over an obstacle with the aid of winches.

At first, technical improvements concentrated on practical solutions. Constructors passed on their knowledge from generation to generation. In doing so they began to look for general natural laws. This formed the basis for later centuries. Simple machines developed by inventive constructors, artists and civil engineers gradually became more and more complicated, and this was also the case when it came to lifting ships: inclines, then locks and finally vertical ship lifts.

Such knowledge was valuable and much sought-after. It crossed boundaries, was copied, encouraged improvements and new inventions. As soon as people put down their experiences on paper the results took on a life of their own. Around the turn of the 17th century a new specialist literature on the subject began to be created and spread. The first books on canal building appeared in Italy, France and the Netherlands; those countries where the need was the greatest and most urgent, and where the necessary financial means were available. Translations ensured that the knowledge was spread to other countries, including Germany. It wasn't only books which contained and spread technical knowledge. This was also reflected in pictures and maps, in models, sketches and descriptions: most impressively, however, in the machines and building works themselves.

Schauplatz Schiffshebung: geneigte Ebene, Schleuse, Senkrecht-Hebewerk

Schiffe, die über Land fahren: Bildungs-Reisende studierten die neuen Werke des Wasserbaus und brachten nicht nur Daten und Fakten, sondern auch Betriebs-Erfahrungen mit in ihrer Heimat zurück. Nicht nur die Fachleute waren fasziniert, auch Laien in aller Welt staunten und bewunderten den Erfinder-Geist. Kunstmeister und Mechanici präsentierten ihre Modelle wie auf einer Bühne vor dem Publikum. Das „Theatrum", der „Schauplatz", wurde zu einer gefragten Gattung der Sach- und Fachliteratur. Bilder- und Buchdruck stellten sich darauf ein. Wissen war nicht länger etwas für Eingeweihte. Es konnte studiert, angeeignet und weitergegeben werden, es wurde öffentlich und kam als Ware auf den internationalen Markt des Wissens und der Informationen.

„Schauplatz der Wasser-Bau-Kunst" lautet der Titel des berühmten Werks von Jacob Leupold aus dem Jahr 1724. Schon die Titel-Seite ist ein „Hingucker". Barocker Bücher-Lust und Titel-Kultur entsprechend wird

Titelblatt des berühmten Sammelwerks von J. Leupold über die Wasser-Bau-Kunst (1724)
Title page of the famous book by J. Leupold on the art of waterway building

Schiffshebung mit Hilfe einer einfachen schiefen (geneigten) Ebene; im Hintergrund eine Weiterentwicklung mit einer Winde (R. Zeemanns, Niederlande, 1652–4)
Boat lifting with a simple incline; in the background an advanced system with a winch

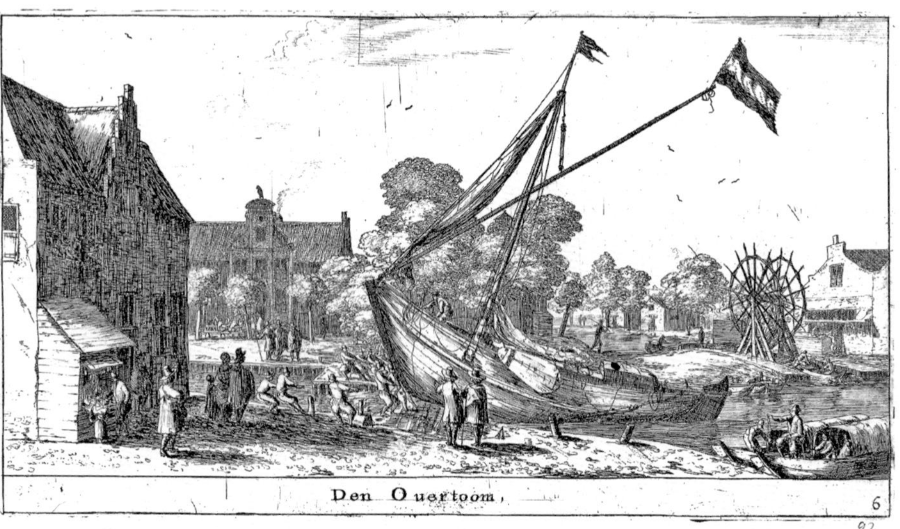

der gesamte Horizont möglicher Interessen und Interessenten angesprochen: „Theatrum Machinarum Hydrotechnicarum. Schau-Platz der Wasser-Bau-Kunst, Oder: Deutlicher Unterricht und Anweisung desjenigen, was bey dem Wasser-Bau, und absonderlich der Damm-Kunst, zu wissen nöthig ist, als nemlich: Quellen und Brunnen zu suchen und zu graben, die Wasser zu probiren und zu leiten, durch höltzerne, thönerne, bleyerne und eiserne Röhren, auch was bey ieder Arth zu wissen dienlich, wie es in Gräben zu führen und abzuwägen, Canäle zu graben, der Schutt mit Vortheil heraus zu schaffen, die Ufer wider den Einriß zu verwahren, solche zu repariren oder gar neue zu machen, Pfähle zuzu-

Inclines, locks and vertical ship lifts

Ships which travelled overland. On their journeys scholars studied the new constructions on the waterways and brought back home, not only facts and data but also operational experience. Specialists and lay people alike were fascinated and astounded by the range of inventiveness. Master builders and

THEATRUM MACHINARUM HYDROTECHNICARUM

Schau-Platz der Wasser-Bau-Kunst,

Oder:

Deutlicher Unterricht und Anweisung desjenigen, was bey dem Wasser-Bau, und absonderlich der Damm-Kunst, zu wissen nöthig ist, als nemlich: Quellen und Brunnen zu suchen und zu graben, die Wasser zu probiren und zu leiten, durch hölzerne, töhnerne, bleyerne und eiserne Röhren, auch was bey ieder Art zu wissen dienlich, wie es in Gräben zu führen und abzuwägen, Canäle zu graben, der Schutt mit Vortheil heraus zu schaffen, die Ufer wider den Einriß zu verwahren, solche zu repariren oder gar neue zu machen, Pfähle zuzurichten und einzuschlagen durch mancherley bequeme Rammel; Währe, Krippen, Dämme und Teiche zu legen, und was sonst vom Teich-Wesen nützlich zu wissen. Die Flüsse auf mancherley Art zu reinigen und schiffbar zu machen durch Schleussen, Roll- und Aufzieh-Brücken, u. s. f.

Alles mit mechanischen, mathematischen und physicalischen Anmerckungen deutlich beschrieben, und mit sehr vielen saubern Figuren vor Augen gestellet. Ein Werck, so nicht nur allen Künstlern, Architectis, Kunst- und Röhr-Meistern, Müllern, ja allen die beym Wasser-Bau Hand anlegen, sondern auch Cammer-Räthen, Commissarien, Beamten, Ingenieurs, ja allen Hauswirthen, die Wasser brauchen und Wasserleitungen oder Wasser-Bau haben, nützlich und nöthig,

ausgefertiget von

Jacob Leupold, Mathematico und Mechanico,

Königl. Preuss. Commercien-Rath, der Königl. Preuss. und Sächß. Societät der Wissenschaften, ingl. *della Academia dell' Onore Letterario in Forli* Mitglied.

Zu finden bey dem Autore und J. F. Gleditschens seel. Sohn.

Leipzig, druckts Christoph Zunckel. 1724.

richten und einzuschlagen durch mancherley bequeme Rammel; Währe, Krippen, Dämme und Teiche zu legen, und was sonst vom Teich-Wesen nützlich zu wissen. Die Flüsse auf mancherley Arth zu reinigen und schiffbar zu machen durch Schleussen, Roll- und Auffzieh-Brücken, u.s.f. Alles mit mechanischen, mathematischen und physicalischen Anmerckungen deutlich beschrieben, und mit sehr vielen saubern Figuren vor Augen gestellet. Ein Werck so nicht nur allen Künstlern, Architectis, Kunst- und Röhr-Meistern, Müllern, ja allen die beym Wasser-Bau Hand anlegen, sondern auch Cammer-Räthen, Commissarien, Beamten, Ingenieurs, ja allen Hauswirthen die Wasser brauchen und Wasserleitungen oder Wasser-Bau haben, nützlich und nöthig."

51 Kupferstiche illustrieren das Werk. Anschaulichkeit, Information, Werbung für die sinnvolle Nutzung der Maschinen gehören genauso in den Horizont der Absichten dieses neunbändigen Theatrum Machinarum (1724–1788) wie die Werbung um Interesse und Bildung der Jugend.

mechanics presented their models to the general public as if they were on stage. The "theatrum", and "showplace" became a highly popular species in specialist literature. Illustrations and books adapted to the trend. Knowledge was not only for the chosen few. It could be studied, adopted and passed on as intellectual goods on the international market of knowledge and information.

"The Showplace of the Art of Waterway Construction" was the title of a famous work by Jacob Leupold, published in 1724. The title page alone is a sight for sore eyes. It covers the whole gamut of possible interests. The full title was "Theatrum Machinarum Hydrotechnicarum, or: clear lessons and instructions for those for whom it is necessary to know about water construction and especially the art of dams, namely: on searching for and excavating sources and springs, testing and directing the waters by means of wooden, clay, lead and iron pipes, something which is also useful for every form of knowledge, such as how to conduct it into ditches and weigh it up, how to dig canals, to transport the waste material with profit, to strengthen water banks against wear and tear, to repair such and even to make them anew, how to place and knock in stakes with the help of rams; how to lay down weirs, dikes, dams and ponds, and other useful knowledge on the nature of ponds. The various methods of cleaning up rivers and making them navigable by means of locks, rotating and lifting gates, etc, the whole clearly described with mechanical, mathematic and physical annotations and presented to the eye with a wealth of spotless figures. A work not only for all artists, architects, master builders and pipe builders, millers, in short for all concerned with practical water constructions,

Was Leupold unter systematischen Gesichtspunkten voneinander trennt, ist in Wirklichkeit ein dichtes Netz aus sich überkreuzenden Zusammenhängen, Abhängigkeiten und Bezügen. Um die Geschichte der Schiffshebung zu verstehen, lohnt sich auch der Blick in Band eins: „Schauplatz Des Grundes Mechanischer Wissenschafften, Das ist: Deutliche Anleitung Zur Mechanic oder Bewegungs-Kunst" genauso wie in Band vier: „Schau-Platz der Heb-Zeuge"; aber auch in den anderen Bänden stößt man immer wieder auf Zusammengehörendes. Praktisches Wissen ist noch nicht nach Fachgebieten getrennt, und die Schaulust lässt sich nicht bremsen.

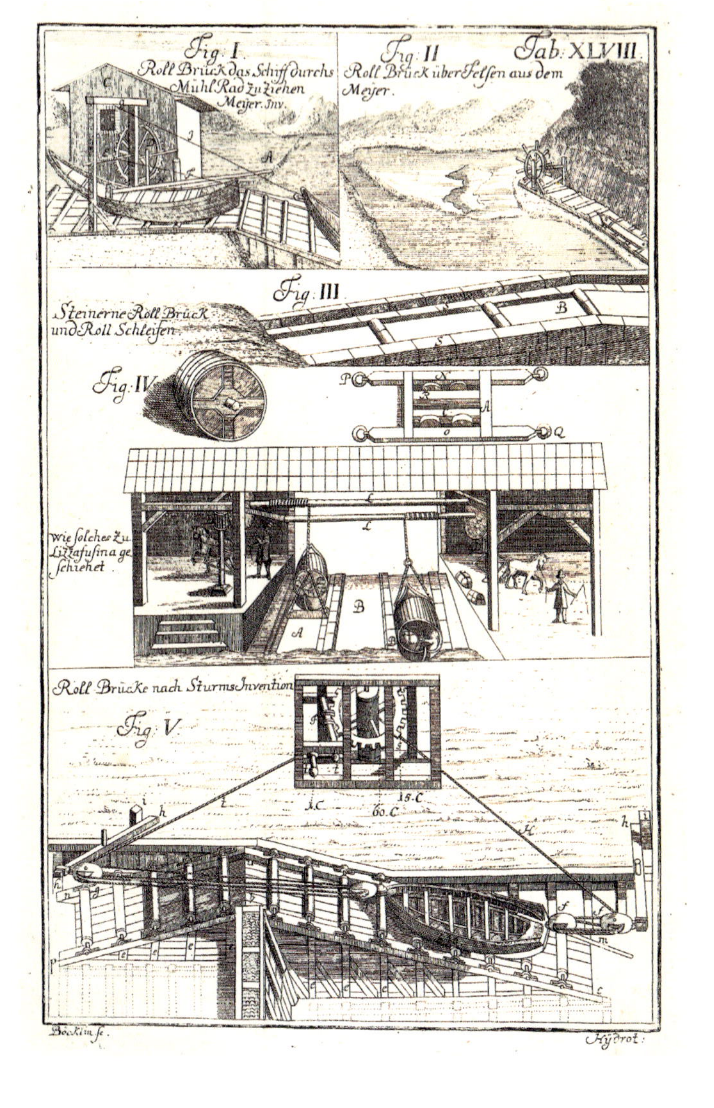

including treasurers, commissars, civil servants, engineers, indeed all landlords who require water and need useful water pipes and water constructions". The work is illustrated with 51 engravings. The nine-volume Theatrum Machinarum (1724–1788) contains illustrations and information as well as promoting the sensible usage of machines. It is also intended to arouse interest amongst young people and provide them with knowledge.

What Leupold separates under systematic features is really a dense network of overlapping relationships, dependencies and connections. In order to understand the history of how ships are lifted it is worthwhile taking a look inside volume one which deals with basic mechanical features, and volume four on ship lift sites. There are also more references elsewhere. The author gives full vent to the curiosity of the public.

In Leupold's survey on the development of inclines he gives equal weight to practice and theory, reality and visions. The "cradle of Zafosina", built in 1438 on the Brenta canal, north of Venice and working up to around 1610, was the first simple machine in post-mediaeval Europe for lifting ships. Small ships were placed on two stable wheeled cradles and hauled up to a higher level via a two sided slope with the aid of a winch worked by a man or a horse gin. We can only speculate whether the inventor knew of any corresponding illustrations from ancient times. In Europe the machine achieved fame because of an illustration in a later book by Vittorio Zonca entitled „Novo Teatro di Machine et Edificii" (Padua, 1607). The picture was copied

Leupolds Vorschlags-Sammlung für geneigte Ebenen (1724)
Leupold's collection of proposals for inclines (1724)

In Leupolds Übersicht über die Entwicklung der geneigten Ebene stehen Praxis und Theorie, Realität und Vision gleichberechtigt nebeneinander. Der „Wagen von Fusina", 1438 am Brenta-Kanal, nördlich von Venedig gebaut und bis 1610 in Betrieb, ist die erste einfache Maschine zur Hebung von Schiffen im Europa der Neuzeit. Kleine Schiffe wurden auf einen stabilen Wagen-Untersatz gesetzt und mit Hilfe einer Winde und Menschen- oder Pferdekraft über eine zweiseitig geneigte Ebene vom niedrigeren in den höher gelegenen Wasserweg gezogen. Ob der Erbauer die entsprechenden Darstellungen aus der Antike kannte? In Europa wurde die Maschine aufgrund einer deutlich späteren Abbildung in dem Buch von Vittorio Zonca „Novo Teatro di Machine et Edificii" (Padua, 1607) bekannt. Das Bild wurde immer wieder kopiert. Ob Zonca die Anlage originalgetreu wiedergegeben oder ob er sie in seinem Sinn „modernisiert" hat, bleibt zu erforschen. Der württembergische Hofbaumeister und Ingenieur, Heinrich Schickhardt (1558–1635), hatte diese Maschine besichtigt und ein wesentlich einfacheres Bild von ihr gezeichnet. Eigenartig ungelenk beschrieb sie der französische Schriftsteller und Philosoph Michel de Montaigne in seinen Reise-Aufzeichnungen.

Die Alternative zur geneigten Ebene war die Schleuse. Kasten- oder Kammerschleusen sind in China seit dem 5. Jahrhundert bekannt, in Europa seit dem 15./16. Jahrhundert. Vorformen – Dammbalken- oder Stau-Schleusen – gibt es in beiden Kulturräumen schon weitaus früher. Die wunderbaren Zeichnungen von Leonardo da Vinci zeigen bereits eine ausgereifte Schleusen-Technik.

Mit Hilfe von Schleusen ließ sich ein Kanal über – fast – jeden Berg führen, vorausgesetzt, es gab die notwendigen Ergänzungs-Systeme. Jede Schleusung verbrauchte viel Wasser. Fehlten natürliche Zuflüsse zur Füllung der Schleusen-Kammern, musste Wasser mit Hilfe aufwändiger Versorgungs-Systeme (Speicher, Pumpen, Leitungen) bereitgestellt und herangeführt werden. Außerdem war Schleusen-Bau teuer.

1715 veröffentlichte der Gelehrte Leonhard Christoph Sturm eine Abhandlung über Schleusen und geneigte Ebenen, die sogenannten „Rollbrücken". Um Kosten zu sparen, forderte er den Verzicht auf teuren Schleusenbau und untermauerte die Forderung mit einem aufschlussreichen Kosten-Vergleich:

- Bau-Kosten für eine Schleuse: 13.093 Thaler,
- Bau-Kosten für eine Rollbrücke: 1.867 Thaler 8 Groschen.

Zudem konnte eine Rollbrücke mehrere Schleusen ersetzen, denn die Hubhöhe von Schleusen betrug bis gegen Ende des 19. Jahrhunderts im Allgemeinen nicht mehr als etwa drei Meter. Aber es gab auch Nachteile des Systems Rollbrücke. Der prominente Wasserbau-Ingenieur Johann Esaias Silberschlag fasste sie 1786 zusammen: „Große belastete Gefäße schickten sich freylich zu dieser Schifffahrt [über Rollbrücken; E. Sch.] nicht, kostbar [im Sinne von teuer; E. Sch.] war sie auch, die Kähne und

time and time again. Whether Zonca's illustration was a faithful reproduction of the original, or whether he „updated" it as he thought best, still needs to be investigated. Heinrich Schickhardt (1558–1635), a court architect and engineer from south Germany actually inspected this machine and sketched a much simpler picture. The French writer and philosopher Michel de Montaigne described it in a strangely awkward fashion in his travel writings.

The alternative to inclines were locks. Ship locks were known in China as early as the 5th century; and in Europe in the 14th/15th century. There were earlier forms in both areas much earlier. Leonardo da Vinci's wonderful drawings reveal that the technology behind them was very well developed by then.

It was possible to lead canals over almost any height with the help of locks, providing the necessary conditions existed. Each lock needs a lot of water. If there was an insufficient natural inflow from the canals, water had to be brought to the locks by means of pipes and stored there, which was a very expensive procedure. And building locks was a very expensive business anyway.

In 1715 a scholar named Leonhard Christoph Sturm published a treatise on locks and inclines, the so-called "rolling bridges". In oder to reduce costs he pleaded for people to avoid building locks and backed up his arguments with a revealing comparison of costs:

- *Building costs for a lock: 13,093 Thaler,*
- *Building costs for a rolling bridge: 1.867 Thaler 8 Groschen.*

In addition, a rolling bridge could replace several locks, for the lifting height of locks was generally no more than three metres before the end of the 19th century. But rolling bridges also had their disadvantages.

die Brücken litten zu gleichen Theilen, beständig war etwas zu flicken und auszubessern. Daher hat man sie nach und nach wieder abgeschaffet und in förmliche Schleusen verwandelt, und man findet sie nur noch in den Maschinen-Sammlungen eines Sturms, Leupolds und in Belidors zehnten Ausgaben." (Johann Esaias Silberschlag: Ausführlichere Abhandlung der Hydrotechnik oder des Wasserbaues. 1786)

In Deutschland, wo der Ausbau von Flüssen und Kanälen ebenso in den Händen des Landesherren lag wie die Finanzierung, blieb man bis zum Ende des 19. Jahrhunderts beim traditionellen Schleusenbau – mit zwei Ausnahmen, über die noch zu sprechen sein wird. Anders in England. Die Industrialisierung erreichte einen ersten Höhepunkt. Gegen Ende des 18. Jahrhunderts ist der Transport mit dem Schiff gegenüber dem mit einem Wagen konkurrenzlos günstig. Hohe Gewinne werden gemacht, wenn Massengüter wie Kohle, Getreide, Nahrungsmittel oder Steingutwaren möglichst preiswert auf die Märkte zu den Verbrauchern kommen. Straßenbau war teuer. Wasserstraßen und Binnenschifffahrt boten die kostengünstige Alternative. Um 1800 stand England im Zeichen einer canal-mania. Allein im letzten Jahrzehnt des 18. Jahrhunderts wurden dort 42 Kanalbau-Projekte angemeldet. Gewinn-orientierte Kapital-Gesellschaften waren die Geld-Geber.

Um die Baukosten gering zu halten, erhielten die Kanäle kleine Abmessungen. Besonders groß war die Ersparnis, wenn man auch auf teure Schleusen verzichtete. Entsprechend klein waren die Schiffe: kasten-

The prominent water architect and engineer, Johann Esaias Silberschlag, summed them up as follows in 1786: "To be quite frank, heavy cargos were quite unsuitable for this form of water transport [i.e. rolling bridges]; it was also expensive, for barges and the bridges suffered alike. There was always something in need of repair or improvement. For this reason they were gradually abolished and transformed into locks. Now they can only be found in machine collections in publications by Sturm, Leupold and in the tenth edition of Belidor". (Johann Esaias Silberschlag: An extensive treatise on hydrotechnology or water engineering. 1786)

In Germany, where responsibility for financing and extending rivers and canals was in the hands of regional lords, traditional lock building continued until the end of the 19th century, with two exceptions which we shall come to later. This was not the case in England where the first phase of industrialisation had

förmige, schwimmende Behälter („tub boats"). Diese Schiffe waren vergleichsweise unempfindlich. Ohne Schaden ließen sie sich auf ein Wagengestell setzen und auf eisernen Schienen über eine geneigte Ebene herauf ziehen oder herab lassen. Seit der Mitte des 18. Jahrhunderts entstanden zuerst in Irland, dann in England eine ganze Reihe von geneigten Ebenen in unterschiedlichen Ausführungen. Spektakulär und durch Berichte bald in ganz Mittel-Europa bekannt war die unterirdische geneigte Ebene am Bridgewater Canal. In den Bergen bei Worsley ermöglichte sie den Transportschiffen die Fahrt bis in die Nähe der Kohle-Abbaustellen.

Aufwändiger Schleusen-Bau (Gemälde v. C. Huysmann, um 1700)
The high expense of lock building (painting by C. Huysmann)

Robert Fultons Patent für die Hebung von Schiffen auf einer geneigten Ebene oder mit einem Senkrecht-Hebewerk (1794)
Robert Fulton's patent for boat lifting on inclined planes or with vertical boat lifts

already arrived. Around the end of the 18th century it was far less expensive to transport goods by boat than by road. Huge profits could be made when mass goods like coal, cereals, food and stoneware could be brought to the markets at very little cost. Building roads was an expensive business: inland waterway transport was a cheap alternative. Around 1800 England was caught up in the grip of a canal mania. In the last decade of the 18th century alone there were no less than 42 officially registered canal building projects, financed by corporations with an interest in making as much money as possible.

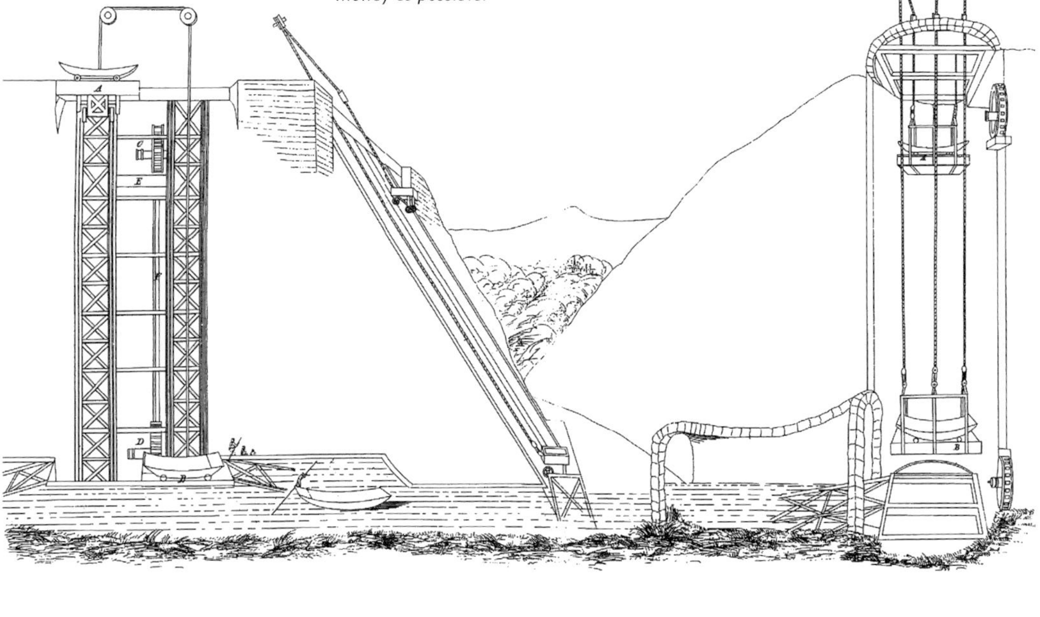

In order to keep building costs at a minimum the canals had narrow dimensions. Savings were particularly large if it was possible to dispense with expensive locks. Accordingly, box-shaped so-called "tub boats" were also built with small dimensions. They were also relatively robust, since they could be placed on a rolling cradle and drawn up and down inclines via iron rails without being damaged. Starting in the mid 18th century – at first in Ireland and later in England – building work began on a whole range of suitable inclines in different shapes and styles. One of the most spectacular was the underground incline on the Bridgewater Canal. Situated in the hills near Worsley (Manchester) it enabled barges to reach underground mining sites. It attracted many visitors from home and abroad and as a result its fame spread all over Europe.

Inventors, civil engineers and, on occasions, fortune-hunters were continually coming up with suggestions for improvements, and

Erfinder, Zivil-Ingenieure, gelegentlich Glücksritter machten neue Vorschläge. Immer stand die Senkung der Kanalbau-Kosten dahinter. Robert Fulton, später berühmt durch den Bau des Dampfschiffs „Clermont", ließ sich 1794 für die Hebung von Schiffen eine geneigte Ebene und ein Senkrecht-Hebewerk patentieren.

Geschäftstüchtig, wie er war, veröffentlichte er zwei Jahre später dazu ein Buch mit einem geradezu barock anmutenden Titel. Er ist zugleich ein thematischer Aufriss: „Abhandlung von der Verbesserung der Kanal-Schifffahrt. Mit einer Darstellung der zahlreichen Vorteile kleiner Kanäle und von Schiffen mit zwei oder fünf Fuß Breite und für eine Ladung zwischen zwei und fünf Tonnen. Mit einer Beschreibung der Maschinen zur Erleichterung des Transports auf Wasserstraßen selbst durch bergige Gegenden, unabhängig von Schleusen und Aquädukten; eingeschlossen Beobachtungen und Anmerkungen über die große Bedeutung eines Wasserstraßen-Netzes und schließlich mit einigen Gedanken und Vorschlägen für die Konstruktion von Aquädukten und Brücken aus Eisen und Holz. Veranschaulicht anhand von siebzehn Kupferstichen".

Der Titel ist Programm. In einem geschlossenen System waren alle Elemente – die Kanäle, die Schiffe und die Hebevorrichtungen für Schiffe – aufeinander abgestimmt. Fultons System für kleine Kanäle sollte ganz England überziehen und über einen intensivierten Güteraustausch auch die abgelegenen und weniger weit entwickelten Regionen an die Zentren der Produktion heranführen. Dabei bezog er sich auf die grundlegenden Gedanken des Wirtschafts-Liberalismus nach Adam Smiths berühmter Studie über den „Reichtum der Nationen".

Mit der Idee, sein Buch zu illustrieren, griff Fulton auf seine Erfahrungen als Maler zurück; er gab seinen Darstellungen eine klare szenische Präsenz. Der Text informierte und regte zur Auseinandersetzung an. Die Bilder wollten – auf einen Blick – überzeugen. Dennoch gelang es Ful-

lowering the costs of building canals. In 1794 an American by the name of Robert Fulton, who later made a name for himself with the construction of the steamboat "Clermont", obtained a patent from the British government for an incline and a vertical boat lift for moving boats from one level to another.

Fulton was a very efficient businessman who based his actions on the philosophy of liberal economics laid down by Adam Smith in his famous study "The Wealth of Nations". Two years after obtaining his patent, he published a book on the subject with a strangely elaborate title which simultaneously outlines its themes:

ton weder in England, noch in Frankreich Geldgeber für diese Pläne zu gewinnen. Doch sie beflügelten die internationale Diskussion. Geschlossenes oder offenes System: Sollten neben den Wasserwegen und ihren Bauten auch die Schiffe vereinheitlicht werden oder sollte die Nutzung des neuen Kanal-Systems allen Schiffs-Eignern frei stehen? Grundsätzlich gegensätzliche Wirtschafts- und Betriebsformen standen sich gegenüber: ein privates oder staatliches Monopol oder der liberale Zugang für Alle?

Auch andere Ingenieure in England erwarben Patente für Schiffshebewerke, und sie bauten sie sogar. Mit dem neuartigen Schwimmer-Hebewerk von Rowland und Pickering und den beiden Tauchschleusen von Robert Weldon wurde erstmals der Auftrieb als Gegenkraft für das nach unten wirkende Trog-Gewicht eingesetzt. Die Kraft des Auftriebs war schon seit der Antike bekannt und genutzt worden. Mit Hilfe von sogenannten Kameelen, Leichter-Schiffen, wurden seit Ende des 17. Jahrhunderts Segelschiffe mit großem Tiefgang über die Untiefe

"A Treatise on the Improvement of Canal Navigation: Exhibiting the Numerous Advantages to be derived from Small Canals. And Boats of two to five feet wide containing from two to five tons Burthen. With a description of the Machinery for the Conveyance by Water through the most Mountainous Countries, independent of Locks and Aqueducts: including Observations on the great Importance of Water Communications, with thoughts on, and designs for, Aqueducts and Bridges of Iron and Wood. Illustrated with seventeen plates."

The title says it all. Every single element – the canals, the boats and the methods of raising them – was coordinated with the next. Fulton's system of small canals was to spread all over England and connect remote, less developed regions to the manufacturing centres via an intensive exchange of wares.

Fulton's decision to illustrate his book derived from his experiences as a painter. This can be seen from the fact that he gives his illustrations a clear scenic presence. The text is not only informative but stimulating, and the idea of the pictures is to make the arguments instantaneously convincing. That said, Fulton failed to find anybody to finance his plans, either in England or France. Nonetheless his arguments inspired international discussions on closed and

Wie man teuren Schleusen-Bau vermeidet: R. Fulton wirbt für sein Konzept für eine geneigte Ebene (Buch und Kupferstich, 1796)
How to avoid expensive lock building: R. Fulton advertises his idea for an incline (Book and engraving; 1796)

Fultons Vorschlag für ein Senkrecht-Hebewerk (Buch und Kupferstich, 1796) *R.Fulton's proposal for a vertical boat lift (book and engraving, 1796)*

Das so genante Kamel oder Schifs-Licher womit zu Amsterdam die befrachten Schiffe über den Pampus gebracht werden.

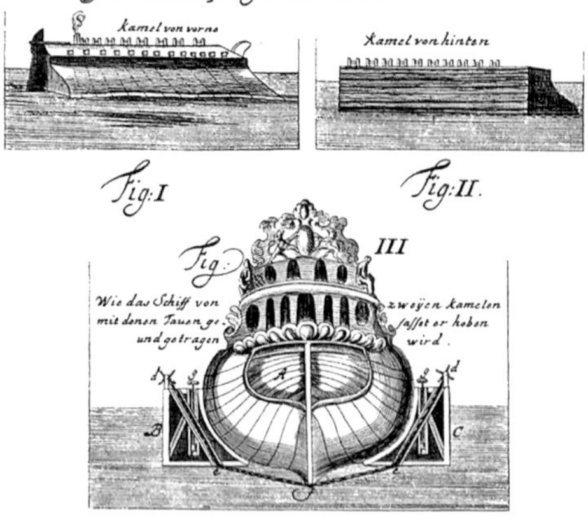

Kamel von vorne

Kamel von hinten

Fig: I

Fig: II.

Fig: III

Wie das Schiff von denen Tauen gefasset und getragen zweyen Kamelen mit er hoben wird.

Es liegt auf der Hand, daß man nicht gern für kleinere Schiffe ein Dock in Gebrauch nimmt, das für große genügt, auch nicht, um einen Teil des Schiffes auszubessern, gern das ganze trocken legt. Es sind daher solche Schwimmdocks auch aus Teilen konstruiert worden, d. h. aus verschiedenen Schwimmkästen, die man nach Bedarf einzeln oder mehrere zusammen unter das Schiff bringt und auspumpt; dadurch wird nur das Notwendigste an Material, Maschinen und Feuerung verwendet. Ein solches Dock befindet sich in Hamburg, das, ganz zusammengestellt, große Passagierdampfer tragen kann. Außerdem baut man auch zuweilen Kasten, die sich einem irgendwie beschädigten Schiffsteile anschließen; sobald sie leer gepumpt sind, verrichten Zimmerleute oder Schmiede die nötige Arbeit genau wie in einem Trockendock. Ein solches Dock führt den Namen Sektionsdock. So besserte man im Jahre 1870 die (ältere) österreichische Fregatte „Donau“ in Honolulu, Hauptstadt und Haupthafen der Sandwichinseln, aus. Dieselbe hatte im nördlichen Teile des Stillen Ozeans das Ruder und den Rudersteven verloren; außerdem war der Kiel knapp unter dem Achtersteven abgebrochen. Um diese verloren gegangenen Teile zu ersetzen und außerdem die etwas undicht gewordenen Nähte der achteren Bekleidung unter Wasser neu kalfatern zu können, wurde, da in Honolulu weder ein festes, noch ein schwimmendes Trockendock vorhanden und an eine andre Aushilfe hier, mitten auf dem Großen Ozean, nicht zu denken war, ein Sektionsdock angefertigt (Fig. 409). Dasselbe war 8,3 m hoch und 107 m lang, so daß der ganze achtere Teil des Schiffes bequem darin untergebracht werden konnte. Das Dock gleicht also einem Kasten von den angegebenen Maßen mit flachem Boden, einer vollen und einer nach dem betreffenden Teile des Schiffes bezw. dem betreffenden Spant ausgeschnittenen Endwand.

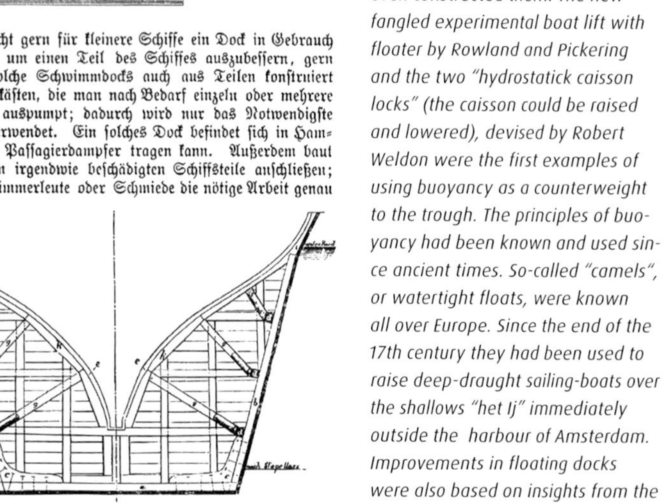

Fig. 409. Sektionsdock für die Fregatte Donau.

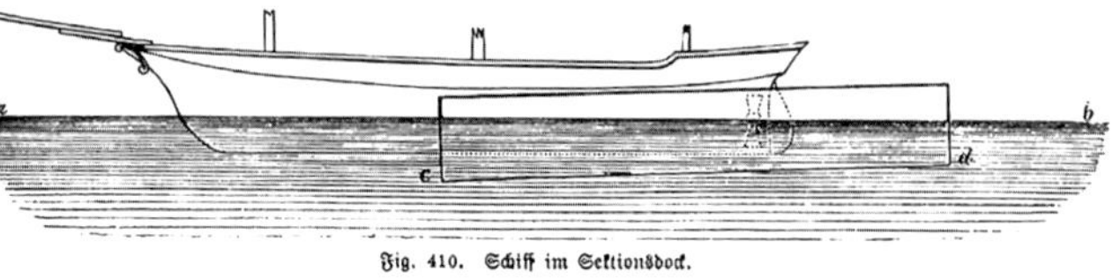

Fig. 410. Schiff im Sektionsdock.

Dasselbe wurde an einer geeigneten Stelle versenkt, unter das Schiff geholt und dann mit neun Handpumpen, von welchen vier fest im Dock sich befanden, leer gepumpt. Die ausgeschnittene, genau zugepaßte und mit Flanell belegte Wand preßte sich dabei fest an den Schiffskörper an, so daß dieser selbst die Dichtung des Ausschnitts bewirkte. Das Schiff hob sich dabei mit dem Achterteil um mehr als $1^1/_2$ m. Das Dock blieb vom 4. Februar bis 23. März 1870 unter der Fregatte und erfüllte den Zweck, die Ausführung der oben angegeben Reparaturen zu gestatten, vollkommen.

Fig. 410 zeigt ein Schiff im Sektionsdock, dessen hinterer Teil gleichzeitig zur Aufnahme der Materialien u. s. w. verwendet wird.

Aufschleppen der Schiffe. Patent-slips. Größere Reparaturen nimmt man nur ungern im Trockendock vor, man zieht lieber das Schiff wieder aufs Land. Zu diesem

open systems. Should there by a uniform system of building boats along with waterways and waterway buildings? Or should the waterways be open to all ship-owners? Here there was a fundamental clash between two economic and business philosophies: should there be a private or a state monopoly, or free access for all?

Other English engineers also obtained patents for boat lifts, and even constructed them. The newfangled experimental boat lift with floater by Rowland and Pickering and the two "hydrostatick caisson locks" (the caisson could be raised and lowered), devised by Robert Weldon were the first examples of using buoyancy as a counterweight to the trough. The principles of buoyancy had been known and used since ancient times. So-called "camels", or watertight floats, were known all over Europe. Since the end of the 17th century they had been used to raise deep-draught sailing-boats over the shallows "het Ij" immediately outside the harbour of Amsterdam. Improvements in floating docks were also based on insights from the principles of buoyancy.

The boat lifts of Fussell (1800) and Woodhouse (patented in 1806 and 1810) used the counterweight principle as suggested by the scholar Erasmus Darwin in a conversation (1765) and the doctor and all-round scholar, James Anderson in an essay written in 1794. Starting in 1834 the civil engineer James Green built seven counterweight boat lifts, one incline and one lock on the Grand Western Canal in south west England.

For contemporaries, every boat lift was an object of astonishment and admiration, and their reports spread quickly over national boundaries. Soon the French were discussing the English system of narrower canals, narrow-boat transport, and

vor dem Amsterdamer Hafen „het Ij" hinweg gehoben. Auch die Entwicklung des Schwimmdocks beruht auf den Kenntnissen über die Kraft des Auftriebs.

Die Hebewerke von Fussell (1800) und Woodhouse (Patent 1806 und 1810) nutzen das Gegengewichts-Prinzip, wie es der Gelehrte Erasmus Darwin in einem Gespräch (1765) und der Arzt und Universalgelehrte James Anderson in einem Aufsatz (1794) vorgeschlagen hatten. Sieben Gegengewichts-Hebewerke, eine schiefe Ebene und eine Schleuse baute der Ingenieur James Green seit 1834 am Grand Western Canal in Südwestengland.

Für die Zeitgenossen war jedes Hebewerk ein Gegenstand des Staunens und der Bewunderung. Die Berichte darüber überwanden alle Grenzen. Über das englische System kleiner Kanäle, über kleine Schifffahrt und damit über Schleusen-Ersatz diskutierte man schon bald auch in Frankreich. Fulton hatte für eine schnelle Übersetzung seines Buchs ins Französische gesorgt. Im Jahr 1800 schlugen der Zivil-Ingenieur Bossu und der Unternehmer Solage den Bau von Senkrecht-Hebewerken alternativ mit einem oder mit vier Schwimmern vor. Mit der Hubhöhe von acht bis zwölf Metern hätten sie drei bis vier Schleusen ersetzen sollen.

Der französische Zivil-Ingenieur Charles Forey wollte Vor- und Nachteile von Senkrecht-Hebewerk und geneigter Ebene praktisch ermitteln. Am Canal du Creusot wurde mit dem Bau von drei Hebewerken, drei geneigten Ebenen, einer Schleuse und einem Tunnel für kleine Schifffahrt begonnen. Während der Bau der geneigten Ebene „erhebliche Schwierigkeiten" mit sich brachte, wurde der Bau des Senkrecht-Hebewerks – 1806 fertig gestellt - als Erfolg eingestuft. Da das gesamte Kanalprojekt jedoch nicht abgeschlossen wurde, blieben auch seine wasserbaulichen Anlagen weitgehend unbekannt.

„Kameele": Schiffshebung mit Hilfe des Auftriebs (Niederlande, Ende 17.Jh.)
„Camels": boat lifting by the use of buoyancy power (Netherlands, end of 17th cent.)

Das Schwimmdock als Weiterentwicklung des Kameel-Modells (Mitte 19. Jh.)
The floating dock, following the camel-model

Das Gegengewichts-Hebewerk von John Woodhouse (1806/1810); Rekonstruktion im Bild von E. Paget-Tomlinson; 2000
The counterbalance lift by J. Woodhouse; drawing by E. Paget-Tomlinson

alternatives to locks. Fulton took steps to ensure that his book was rapidly translated into French. In 1800 a French civil engineer named Bossu and an entrepreneur called Solage proposed building vertical lifts either with one or four floats. Since they could cover heights of between 8 and 12 metres they could easily replace three or four locks.

The French civil engineer Charles Forey decided to test the pros and cons of vertical boat lifts in a practical fashion, and began work on constructing three lifts, three inclines, a lock and a tunnel for narrow boats on the Le Creusot canal. Whereas the construction of inclines caused "considerable difficulties", he rated

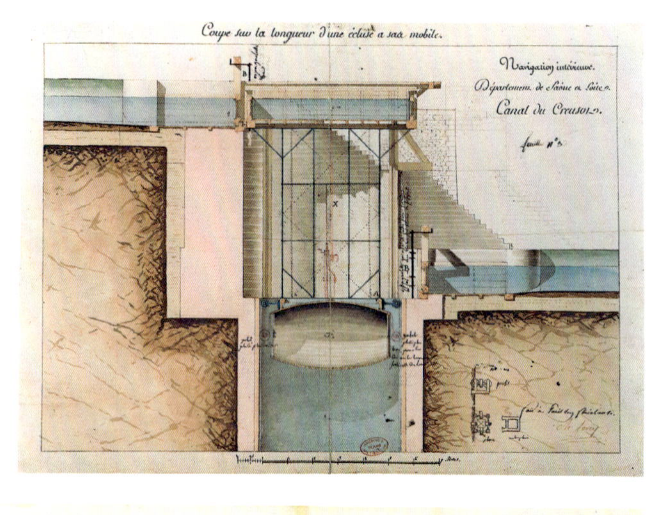

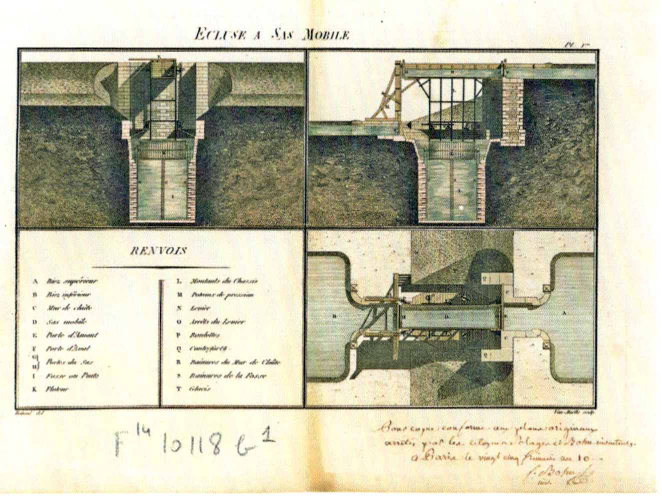

Nach dem englischen Vorbild: Vorschlag des französischen Ingenieurs Bossu und des Unternehmers Solage für ein Hebewerk mit Schwimmer (Kupferstich, 1802)
Following the English model: proposal for a boat lift with floater by the French civil engineer Bossu and the business man Solage (etching 1800)

Schwimmer-Hebewerk für den Canal du Creusot/Frankreich, vorgeschlagen von Ch. Forey (Versuchs-Betrieb 1806)
Boat lift with floater for the Canal du Creusot/France proposed by Ch. Forey (trial operation in 1806)

Erstes Modell für ein Senkrecht-Hebewerk des sächsischen Ingenieurs J.F. Mende (1787/88)
First modell for a vertical boat lift by the Saxonian civil engineer J.F. Mende

the construction of the vertical lift, which was completed in 1806 as a great success. Since he never completed the whole project his hydraulic plants mostly remained unknown.

The first boat lift in Saxony/Germany

Regardless of the major political upheavals following the French Revolution, reports of boat lifts in England reached Prussia. In Berlin a widely-known water engineer and member of the Royal Building Department named Friedrich David Gilly, had just presented his own model for a lock. The model had been fully tried and tested but a full-size version would have proved very expensive. It is easy to imagine how captivated he must have been on reading of the inventions in England. In 1799 he wrote an article on them in his "Journal of Architecture" entitled "On proposals to facilitate inland waterway navigation". If the reports proved true, his own recommenda tions for conventional lock-building would be completely invalidated. For this reason he expressed his comments in a very reserved manner, especially because there was a lack of detailed information.

And anyway, how was a person to describe these new machines? Floating locks? Sinking caissons? Barge chambers? Such names bear witness to the efforts to harmonise past technical achievements with modern improvements. Origins and experiences should not simply be forgotten. In England a new word was coined to describe the boat lifts: pendanters. But in the end it failed to survive the test of time. In Germany the term „Schiffshebewerk" (lit: Ship lift work) only appeared on the scene at the end of the 19th century.

On the other hand the English machines fascinated Friedrich Gilly so much that he called the lifting machine of Johann Friedrich Mende

Anfänge in Deutschland: das erste Senkrecht-Hebewerk in Sachsen

Die Berichte aus England drangen bis nach Preußen – ungeachtet der großen politischen Unruhen in der Folge der französischen Revolutions-Kriege. In Berlin hatte der weithin anerkannte Wasserbau-Fachmann und Mitglied des Königlichen Baudepartements David Gilly gerade sein Schleusen-Modell vorgestellt. Es war ausgereift, aber ein Massivbau nach diesem Muster wäre teuer geworden. Wie gebannt, so möchte man sich vorstellen, las er von den Erfindungen in England und berichtete darüber im Jahr 1799 unter der Überschrift „Ueber Vorschläge zur Erleichterung der innern Schiffahrt" in seinem „Journal für Baukunst". Wären die Berichte zutreffend, dann wären seine eigenen Empfehlungen für konventionellen Schleusen-Bau gegenstandslos. Also äußerte er sich sehr zurückhaltend, zumal detaillierte Informationen fehlten.

Überhaupt: Wie sollte man diese neuen Maschinen eigentlich bezeichnen? Schwimmende Schleuse, Tauchende Kiste, Kahnhebehaus: Diese Bezeichnungen belegen die Anstrengungen, die Erfahrungen aus der Technik-Geschichte mit dem Neuen in Einklang zu bringen. Herkunft und Erfahrung sollen aufbewahrt werden. Nicht durchsetzen konnte sich dagegen die begriffliche Neuschöpfung „Pendanter", die im Englischen auftauchte. In der deutschen Sprache begegnet der Begriff „Schiffshebewerk" erst am Ende des 19. Jahrhunderts.

Andererseits faszinierten Friedrich Gilly die englischen Maschinen so sehr, dass er das erste Schiffshebewerk der Welt, die Hebemaschi

"the first ship lift in the world" in neighbouring Saxony, merely a poor imitation. This was not only unjust, it was wrong. The ship lift had been in successful operation since 1789, clearly much earlier than the first vertical ship lift in England. In his capacity as an official representative of mining activities in Saxony and inspired by the many facets of mining technology, Mende had first designed a "barge lifting chamber" for the weir on the River Unstrut. In the narrow sense of the word this hand-driven crane-bridge lift equipped with blocks and pulleys and a facilitating device, was the first model for a vertical ship lift. Mende's accurately worked-out model can be viewed today in the Henrichenburg Old Ship Lift museum in Waltrop in north-west Germany.

Mende's lifting machine for small ore-carrying boats was constructed in a simpler form with massive stone walls on the bank of the Freiberger Mulde. (see p.54–59) Two further lifts were planned: one was not completed, the other not built at all.

ne von Johann Friedrich Mende im benachbarten Sachsen, schlicht als schlechte Nachahmung bezeichnete. Das war ungerecht und falsch. Es war seit 1789 erfolgreich in Betrieb und damit deutlich früher als die ersten Senkrecht-Hebewerke in England. Als Beauftragter für den sächsischen Bergbau hatte Mende zunächst ein „Kahnhebehaus" für die Wehre an der Unstrut entworfen, inspiriert von der vielseitigen Bergbau-

There was a simple explanation for the fact that Mende's ship lift never attained the fame of similar lifts in England. The Prince of Saxony feared industrial espionage so much that he instructed Mende not to draw too much attention to his new inven-

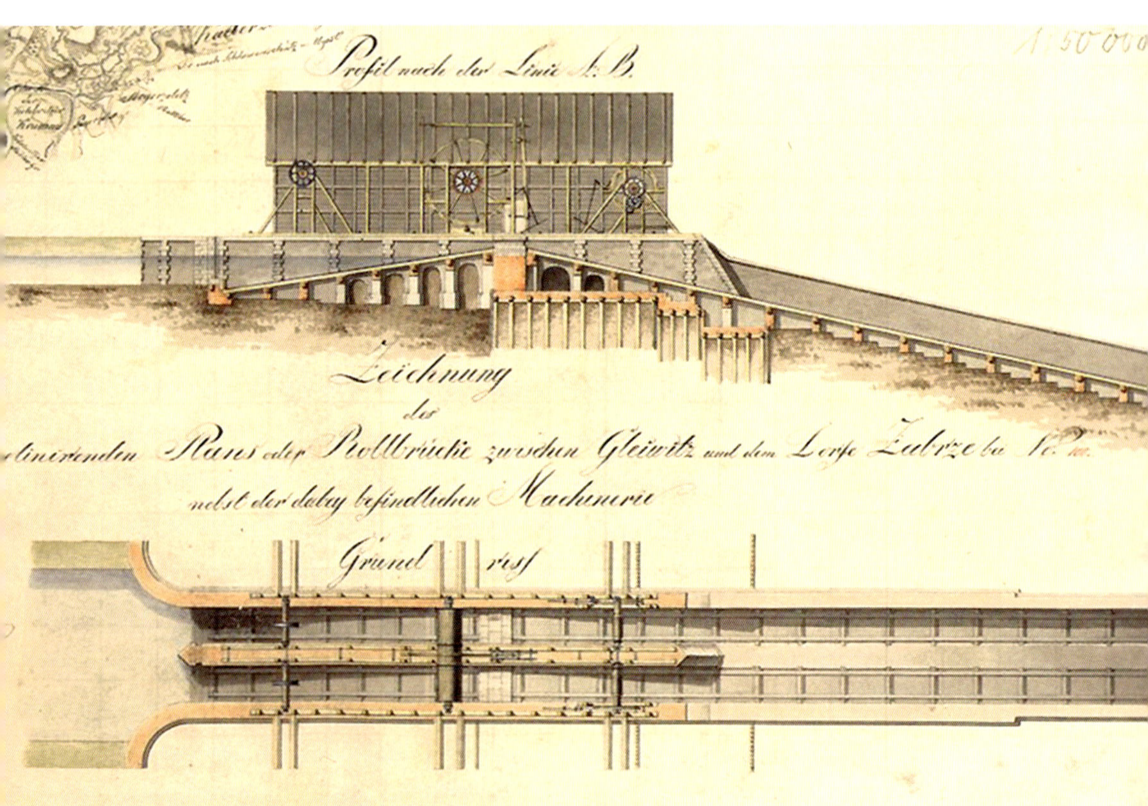

Technik. Im engeren Sinne war dieses handbetriebene Kranbrücken-Hebewerk mit Hilfe von Flaschenzügen und einer Vorrichtung zur Arbeits-Entlastung das erste Modell für ein Senkrecht-Hebewerk. Mendes akkurat gearbeitetes Modell ist im Museum Altes Schiffshebewerk Henrichenburg in Waltrop zu besichtigen.

In vereinfachter Form mit massiven seitlichen Stützmauern wurde Mendes Hebemaschine für kleine Erzkähne an der Freiberger Mulde gebaut. Zwei weitere Anlagen waren geplant, die eine wurde nicht fertig gestellt, die andere nicht gebaut.

Dass Mendes Schiffshebewerk nie die Publizität der Anlagen in England erreichte, hatte einen einfachen Grund. Der sächsische Kurfürst hatte Industriespionage befürchtet. Mende, so ließ er ihm ausrichten, solle

Hebewerk an der Dropt/Frankreich (Patent von Durassie und Trocard, 1808)
Boat lift at the River Dropt/France following a patent of Durassie and Trocard (1808)

Darstellungen zu den beiden geneigten Ebenen am Stollen-Kanal, oberhalb des Klodnitz-Kanals (Schlesien, 1810; heute Polen)
Views of the two inclined planes on the Stollen Canal, on the upper part of the Clodnitze Canal (Silesia 1810; today Poland)

nicht zu sehr auf seine Erfindung aufmerksam machen. Gleichwohl gab es eine ähnliche Maschine im Departement Lot-et-Garonne (Frankreich). 1808 erhielten MM. Durassie und Trocard eine Art Patent (brevet) für ein konventionelles Kran-Hebewerk ohne Gewichts-Ausgleich. Es belegt, wie ähnliche, an die technische Überlieferung angelehnte Lösungen entfernt und unabhängig voneinander entwickelt werden können. Die Aufmerksamkeit der Fachleute aber gehörte dem englischen Kanal-Wunder.

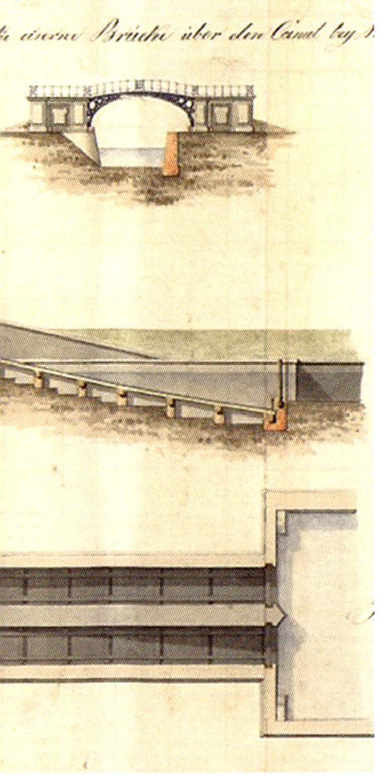

Vorbild England: zwei geneigte Ebenen für den Stollen-Kanal in Schlesien/Preußen

Die preußische Regierung wusste um den Vorsprung Englands in der technischen Entwicklung und förderte Studien-Reisen ihrer Fachleute dorthin. Ein schönes Beispiel für den Weg des Wissens von England zurück nach Preußen sind die „inklinierenden Plans", die geneigten Ebenen, am Stollen-Kanal oberhalb des Klodnitz-Kanals in Schlesien. Noch in den Begriffen klang das Vorbild der „inclined planes" nach. Zugrunde lag eine Anregung des Freiherrn von Reden im Rahmen seiner Bemühungen um die industrielle Entwicklung der preußischen Provinz Schlesien.

Daraufhin erteilte die preußische Regierung dem Deichbauinspektor Promnitz den Auftrag zu einer Reise nach England. Er sollte sich ein genaues Bild von den technischen Möglichkeiten der Schiffshebung machen. Nach seiner Rückkehr entwarf Promnitz die Pläne zum Bau des Stollenkanals von der Eisenhütte bei Gleiwitz (Schlesien) bis zu den unterirdischen Verlade-Stationen des Bergwerks Königin Louise. Der Kanal sollte zwei geneigte Ebenen nach englischem Vorbild erhalten. Die Arbeiten zogen sich über mehrere Jahre hin; der Krieg zwischen Frankreich und Preußen und eine verheerende Überschwemmung verhinderten die Fertigstellung. Erst 1810 wurden die Arbeiten mit der Fertigstellung der zweiten und dem Neubau der ersten Ebene wieder aufgenommen. Gebaut wurde eine vereinfachte Lösung. Die Schiffe wurden über einen trockenen Scheitel gezogen.

tion. Nevertheless there was a similar construction in the département of Lot-et-Garonne in France. In 1808 two Frenchmen by the name of Durassie and Trocard took out a form of patent known as a "brevet" for a conventional crane lift without counterweights. This is a good example of how similar solutions to technical problems could be independently developed in places far removed from one another. That said, the eyes of specialists were fixed on the miraculous English solution.

The English model: two inclines for the mining canal in Silesia/Prussia

The Prussian government knew that England had a lead in technical developments and dispatched their experts to study them at first hand. A fine example of technological transfer from England to Prussia is provided by the "inclined planes" on the mining canal above the Gliwice Canal in Silesia. The idea came from Freiherr von Reden who was very keen on boosting industrial developments in the Prussian province of Silesia.

As a result the Prussian government sent a dyke engineer by the name of Promnitz on an official trip to England in order to get a precise idea of the technical potentials of lifting ships. On his return Promnitz drew up plans for building a mining canal from the ironworks near Gliwice in Silesia to the underground loading point at the Queen Louise colliery at Zabrze. Following the English model the canal was to have two inclines. But the war between France and Prussia and disastrous flooding prevented it from being completed for several years. Work only recommenced in 1810 with the completion of the second incline and the fresh construction of the first level. All the same it was a simpler solution than had originally been planned. The ships were hauled over a dry summit.

Viel bestaunter Morris Kanal: Geneigte Ebene Nr. 2, Bloomfield, New Jersey (Scientific American, 1882)
The amazing Morris Canal: Inclined Plane No. II, Bloomfield, N.J.

Auf dem Scheitel einer geneigten Ebene am Morris Kanal: Das geteilte Schiff auf dem geteilten Wagen (Foto um 1900)
On the summit of an Incline at the Morris Canal: sectional boat on a sectional cradle

Morris Kanal: Geneigte Ebene Nr. 12, Newark, N.J. (Engineering, 1868)
Morris Canal: Inclined Plane No. 12, Newark, N.J.

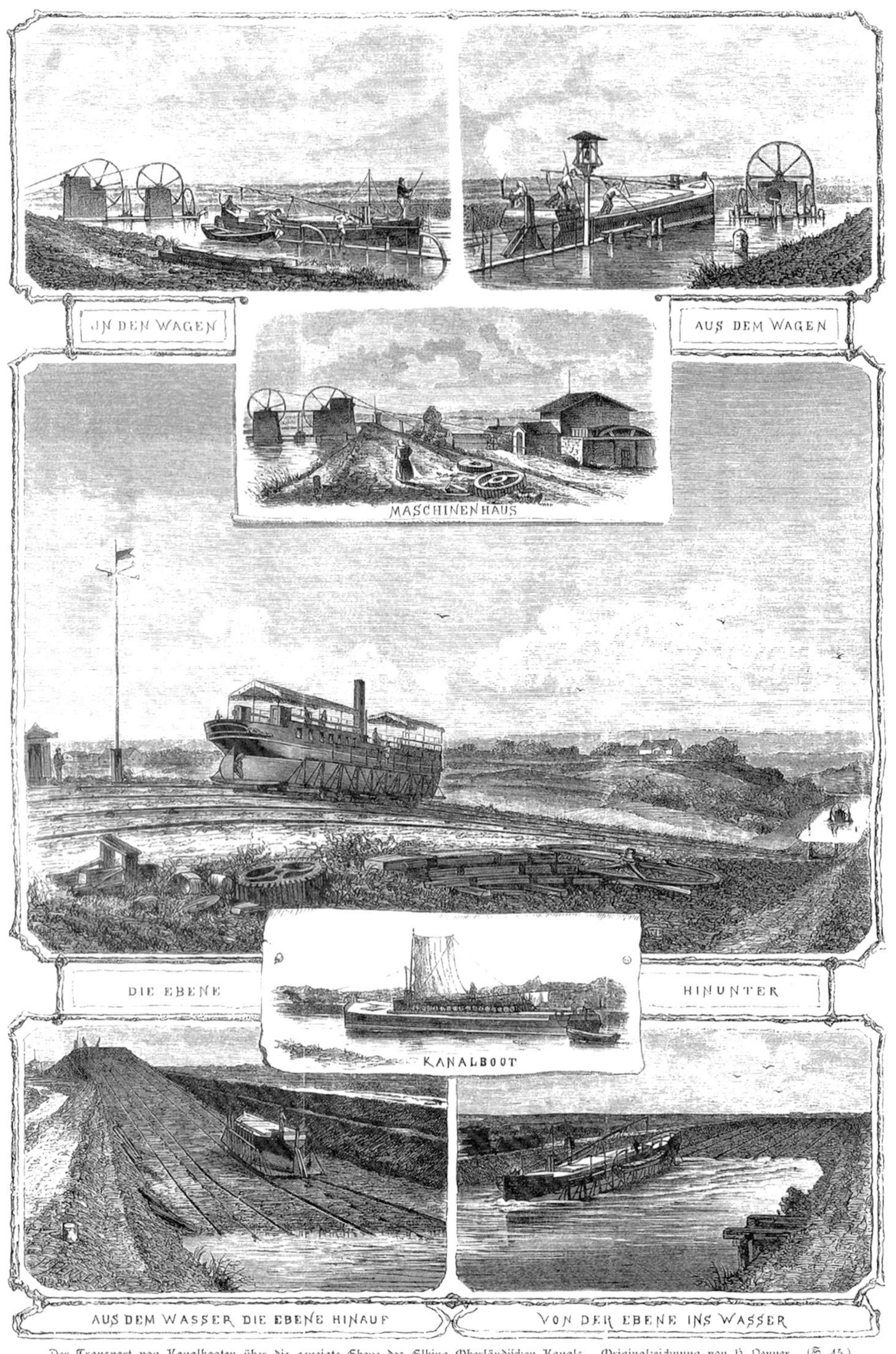

Der Transport von Kanalbooten über die geneigte Ebene des Elbing-Oberländischen Kanals. Originalzeichnung von H. Penner. (S. 45.)

Vorbild Amerika: die geneigten Ebenen am Oberlandkanal in Preußen

1832 beauftrage die Stadt Elbing im Osten Preußens den Deichbauinspektor Georg Jacob Steenke mit den Planungen für den Oberländischen Kanal im Nordosten Preußens (heute Polen). Die Wirtschaftlichkeit des künftigen Kanals war umstritten.

Umstritten waren auch die Kosten. Schleusen aus Holz waren preiswerter als Schleusen aus Stein, in der Hubhöhe aber auf 8 Fuß (ca. 2,50 m) begrenzt. Schleusen aus Stein konnten demgegenüber für Hubhöhen bis 12 Fuß (ca. 3,80 m) gebaut werden. Steenke ermittelte einen Bedarf von 45 hölzernen oder 30 „massiven" Schleusen.

1844, nach vielen Prüfungen und noch nicht abgeschlossenen Studien wurde mit dem Kanalbau begonnen. Der entscheidende Grund dafür war die große Arbeitslosigkeit in der Region „Oberland". Der Kanalbau war eine staatliche Arbeitsbeschaffungs-Maßnahme. Zu diesem Zeitpunkt immer noch unbeantwortet war die Schleusen-Frage. Aber Steenke hatte eine neue Alternative entwickelt. 16 sogenannte „gekuppelte" Schleusen mit insgesamt 30 Schleusen-Kammern sollten durch vier geneigte Ebenen ersetzt werden; der Grund: Kosten-Ersparnis.

Während seines Studiums an der Bauakademie in Berlin hatte Steenke die Fachliteratur seiner Zeit kennen gelernt. Insofern kannte er die verschiedenen Systeme zur Hebung von Schiffen. Im Rahmen einer Dienstreise im Jahr 1846 studierte er die neuen Wasserbauten in Mitteleuropa, darunter in Bayern den soeben fertig gestellten König-Ludwig-Kanal. Während einer zweiten Reise (1850) inspizierte er die neusten Entwicklungen an den geneigten Ebenen in den USA und eine Schiffs-Eisenbahn, außerdem erfuhr er während der Fahrt von der gerade erst fertig gestellten geneigten Ebene mit Nassförderung und Dampfbetrieb am Monkland Canal in Schottland. Auf der Rückreise von Amerika besuchte er diese Anlage ebenfalls. Steenke hatte sich aber auch die Pläne von den geneigten Ebenen am Stollenkanal in Schlesien kommen lassen und einen Bericht zu den Erfahrungen, die man mit ihrem Betrieb gemacht hatte.

Die geneigten Ebenen am Oberlandkanal wurden gebaut. Allerdings vergingen bis zur Inbetriebnahme im Jahr 1861 noch zehn Jahre. Offenbar wurde Steenke in dieser Zeit die Verantwortung für diesen zentralen Teil des Projekts entzogen. Die ersten vier geneigten Ebenen wurden in der berühmten Maschinenbau-Anstalt Dirschau gebaut. Konstruktion und Bau waren Carl Lentze übertragen worden; unter seiner Leitung war bereits die berühmte Brücke für die Ostbahn über die Weichsel bei Dirschau gebaut worden, auch nach englischem Vorbild. – Über die Gründe für die geänderte Verantwortung ist nichts bekannt. Aber man kann spekulieren. Standen sich in diesen beiden Männern Tradition und Moderne gegenüber? Möglicherweise hatten sich die Zweifel

The American model: the inclines on the Oberland canal in Prussia

In 1832 the town of Elbing in Eastern Prussia commissioned the dyke inspector Georg Jacob Steenke to plan the Oberland (now Elblag) canal in north-east Prussia (now Poland). The economic value of the future canal and its building costs were highly disputed. Timber locks were cheaper than brick locks, but were limited to a height of 8 feet (around 2.50 metres). Brick locks, on the other hand, could be built to a height of 12 feet or 3.80 metres. Steenke worked out that 45 timber or 30 brick locks would be needed on the canal.

In 1844, after many tests and an unfinished study, work on building the canal began. The most important reason for this was the huge level of unemployment in the Oberland region. Building the canal was a form of state-organised job creation. At the time no decision had been made as to the type of locks which were to be built. But Steenke had worked out a new alternative: to save costs, 16 so-called "coupled" locks with a total of 30 lock chambers were to be replaced by four inclined planes.

During his studies at the Berlin Building Academy Steenke had made himself acquainted with the specialist literature on the subject of lifting ships. In this respect he was well aware of the various systems. During his first official journey in 1846 he had studied the latest water constructions in central Europe, one of which was the King Ludwig Canal in Bavaria. On a second journey in 1850 he inspected the latest developments in inclined planes in

Betrieb der geneigten Ebenen am Oberlandkanal (Illustrirte Zeitung, 1881)
Inclined planes at the Oberlandkanal

Ead's Project einer Schiffseisenbahn über die Landenge von Panama.

Projekt von Eads für eine Schiffs-Eisenbahn anstelle eines Panama-Kanals (Illustrirte Zeitung, 1880)
Ead's Project for a Panama ship rail-way instead of a Panama Canal

Die mit Wasserdruck betriebene Hebeanlage für Behälter-Schiffe im Hafen von Goole (Foto um 1900)
Ship hoist in the harbour of Goole

the USA, as well as a ship railway. During this journey he learnt that a new incline had just been completed on the Monkland canal in Scotland. It was steam-driven with the boat swimming in a water-filled caisson. On his return home from America he stopped off to inspect this new development. He had also had the plans for the inclines at the mining canal in Silesia sent over, along with a report on the quality of their operations.

Work on the inclined planes on the Oberland Canal stretched over a period of ten years from 1851 to 1861. During this time Steenke was relieved of his responsibility for the main part of the project. The first four inclines were built in the famous

der Techniker durchgesetzt, möglicherweise hatte Steenke zu sehr an dem Vorbild Morriskanal mit seinen hölzernen Bauten festgehalten. Lentze ließ die Wagen für die Schiffe aus Eisen fertigen. Traditionelle Holz-Konstruktion gegen eine innovative Konstruktion aus Eisen? Es klingt wie eine Ironie der Geschichte: Nicht der Wasserbau-Ingenieur, sondern der Eisenbahn- und Maschinenbau-Ingenieur verantwortete Bau und Konstruktion der berühmtesten Bauwerke des Oberlandkanals. Zwischen 1874 und 1881 ersetzte die Baubehörde fünf verbliebene hölzerne Schleusen durch die fünfte geneigte Ebene bei Neu-Kußfeld.

Die Eisenbahn und ihre Ingenieure hatten das Zepter des Fortschritts übernommen und auch im Hinblick auf die Wirtschaftlichkeit hatte die Eisenbahn den Oberlandkanal binnen weniger Jahre überholt. Vielleicht liegt hierin sogar ein Grund für sein Überleben. Denn ein Ausbau, aus vorwiegend politischen Gründen nach dem Ersten Weltkrieg erwogen, blieb im Projekt-Stadium stecken. Wäre ausgebaut worden, dann wären die geneigten Ebenen abgerissen worden. An ihrer Stelle ständen heute zwei Senkrecht-Hebewerke. Alle fünf geneigten Ebenen sind noch in Betrieb und für alle Touristen im Norden Polens ein Reise-Höhepunkt.

Projekte um 1900

In der nationalen und internationalen Ingenieur-Literatur erschienen nach Inbetriebnahme der geneigten Ebenen am Oberlandkanal noch eine ganze Reihe von Beiträge mit Vorschlägen zum Ausbau dieses Systems für große Binnenschiffe. Auch auf internationaler Ebene, während des Binnenschifffahrts-Congresses 1890 in Manchester, wurde über Schleusen, geneigte Ebenen und Schiffshebewerke diskutiert. Alois

mechanical engineering workshop in Dirschau under the responsibility of Carl Lentze, who had already built the famous railway bridge over the River Weichsel: also following an English model. Nothing is known about the reason for Lentze taking over from Steenke. We might speculate that the two men embodied the opposite values of tradition and modernity. Doubts might have arisen amongst technicians; or Steenke might have kept too close to the model of the Morris Canal with its timber constructions. Lentze built the wagon cradles for the ships out of iron. Traditional timber constructions or innovative iron constructions? It sounds like an irony of history: it was not a water engineer but a railway mechanic who was responsible for building the most famous construction on the Oberland canal. Between 1874 and 1881 five of the remaining seven timber locks were replaced by a fifth inclined plane near Neu-Kußfeld.

The railways and their engineers had taken over the sceptre of progress; in terms of economics railway transport was also to make the Oberland Canal effectively redundant with a few years. Perhaps this is one of the reasons why it has survived. An extension was considered after the First World War, but ground to a halt in the planning stage. Had the canal been extended the inclines would have been demolished And replaced by two vertical lifts on the very same site. All five inclines are still in operation and are a highly popular tourist venue for day-trippers in the north of Poland.

Projects at the turn of the 20th century

After the inclines on the Oberland Canal went into operation a series of articles in engineering journals appeared both at home and abroad containing proposals for extending

Riedler, berühmter und einflussreicher Professor an der Technischen Hochschule in Berlin, veröffentlichte 1897 einen grundlegenden Vergleich zwischen Schiffshebewerken und geneigten Ebenen. Er sah die größeren Vorteile bei dem System geneigte Ebene. Mit einem Entwurf für eine längsgeneigte Ebene ging der Ingenieur Peslin als weithin beachteter Gewinner aus einem internationalen Wettbewerb hervor. Sieben Anlagen dieses Typs sollten auf dem geplanten Donau-Oder-Kanal gebaut werden. Der Erste Weltkrieg setzte unter diese und andere Planungen mit Schiffshebewerken einen Schluss-Strich.

Tatsächlich gebaut wurden mittelgroße Anlagen in Kanada, in den USA, in Frankreich, Japan, Dänemark, England. Aber kaum jemand nahm von ihnen Notiz. Die Aufmerksamkeit der Öffentlichkeit wurde von spektakulären Großprojekten wie dem Eiffelturm, den großen Passagier-Schiffen, den Welt-Ausstellungen und, wenn auch längst nicht in demselben Maß, von den neuen Senkrecht-Hebewerken gefesselt. Nur zwei geneigte Ebenen bildeten eine Ausnahme und erlangten Aufsehen; über die technische Lösung hinaus verbanden sie sich mit lang gehegten Visionen:

- die Schiffs-Eisenbahn von Tehuantepec für Seeschiffe: ein Projekt zur Durchquerung Mittelamerikas anstelle des Panama-Kanals,
- die Schiffs-Eisenbahn von Chignecto unter Einschluss von zwei hydraulischen Schiffs-Hebeanlagen für Seeschiffe: ein Projekt zur Abkürzung des Seewegs um Neuschottland/Kanada.

Das erste Projekt scheiterte aus finanziellen Gründen vor Baubeginn mit dem Tod des Projektleiters Eads im Jahr 1887. Beim Chignecto-Projekt begannen die Bauarbeiten im Oktober 1888; 1892 bei Fertigstellung von etwa 75% der baulichen Anlagen erfolgte die endgültige Einstellung der Arbeiten eben-falls wegen finanzieller Schwierigkeiten. In der zweiten Hälfte des 20. Jahrhunderts wurden weitere kleinere und größere geneigte Ebenen unterschiedlichen Typs in Belgien, Kanada, China, Frankreich, Russland und in der Tschechoslowakei gebaut.

Trog der geneigten Ebene von Krasnojarsk am Jenisseij/Russland (1968)
Inclined Plane at Krsnoyarsk on the Yenisey River/Russia

Die geneigte Ebene von Ronquières am Charleroi-Brüssel-Kanal/Belgien (1968)
Inclined Plane of Ronquières on the Charleroi-Bruxelles-Canal/Belgium

Die geneigte Ebene von Arzviller am Rhein-Marne-Kanal/Frankreich (1969, Foto: 2003)
The Arzviller Inclined Plane at the Rhine-Marne-Canal/France

the system to large inland waterway vessels. Discussions also took place at an international level: during the 1890 Inland Waterways Congress in Manchester there were debates on locks, inclines and ship lifts.
In 1897 Alois Riedler, a famous and influential professor at the Technical University (Technische Hochschule) in Berlin, published a pioneering comparison between ship lifts and inclines. He came to the conclusion that there were more advantages in a system of inclines. A French engineer called Peslin achieved note as the winner of an international competition with an outline for long inclines. Seven of these were built on

the planned Danube to Oder Canal. But work on ship lifts here and elsewhere came to an abrupt end on the outbreak of the First World War.

Medium-sized inclines were indeed built in Canada, the USA, France, Japan, Denmark and England. But these aroused little or no attention. Public interest was devoted to spectacular major projects like the Eiffel tower, large passenger ships, world exhibitions and, if not to the same degree, new vertical ship lifts. As a rule inclines were ignored: but there were two exceptions which did arouse attention, for they combined new technical solutions with visions which had existed for many years:

- *The first was the ship railway in Tehuantepec. This was a project for ocean-going vessels to cross Central America instead of using the Panama Canal.*
- *The second was the ship railway at Chignecto which included two hydraulic ship lifts for ocean-going vessels. This project aimed at shortening the passage around Nova Scotia (Canada). The first of these failed before construction work began on financial grounds following the death of the project head, Eads, in 1887. Work began on the Chignecto project in October 1888 but, once again for financial reasons, all further construction work came to a halt four years later in 1892, when it was three quarters finished.*

In the second half of the 20th century further inclines of all sizes and types were built in Belgium, Canada, China, France, Russia and Czechoslovakia.

Die neue Generation der Senkrecht-Hebewerke in Europa und in Deutschland

Das 19. Jahrhundert war das Jahrhundert der beschleunigten Industrialisierung. Teile der mitteleuropäischen Landschaft wurden zu Technotopen, geprägt von ausgedehnten Industrie-Anlagen, von Städten und Verkehrswegen. Insbesondere technische Entwicklungen beschleunigten sich in einem vorher nicht gekannten Maß. Beispielsweise führten die scheinbar unbegrenzten Möglichkeiten der Kraft-Übertragung mit Hilfe der Hydraulik (mit Wasser als Übertragungs-Medium für den Druck) zu neuen Kran- und Verlade-Systemen. Nachdem bereits hydraulische Hubanlagen für Eisenbahnwagen entwickelt worden waren, wurde 1863/64 das erste Hebewerk für kleine Schiffs-Gefäße im Hafen von Goole an der englischen Ostküste erfolgreich in Betrieb genommen. Die schwimmenden Behälter wurden aus dem Wasser gehoben und gekippt; die Kohle-Ladung wurde so in einem Zug in das bereit liegende See-Schiff umgeschlagen. Dieses geschlossene Transport-System war äußerst erfolgreich. Noch vier Umschlag-Anlagen dieser Art wurden in den folgenden Jahrzehnten im Hafen Goole in Betrieb genommen.

Schiffshebewerke fallen nicht vom Himmel. Der Auftrag, eine Anlage zur Hebung von Schiffen zwischen dem Fluss Weaver und dem Trent & Mersey Canal zu entwerfen, traf den Engländer Edwin Clark (1814–1894) nicht unvorbereitet. Er war ein sehr erfahrener und erfolgreicher Ingenieur. Schon beim Brückenbau und bei der Entwicklung eines Schwimmdocks hatte er das von Armstrong entwickelte Druckwasser-System erfolgreich eingesetzt. Vorbilder für die Schiffshebung waren Clarks patentierte Schwimmdocks, die Druckwasser-Anlage von Goole und die sieben Gegengewichts-Hebewerke am Grand WesternCanal/Südengland. Clark verband das Hydraulik-System und den Gewichts-Ausgleich mit Gegengewichten und entwickelte daraus das Doppel-Hebewerk Anderton (Betriebs-Aufnahme 1875). Mit Hilfe des von ihm entwickelten Druckspeichers konnten die Tröge auch unabhängig voneinander gefahren werden. Anderton wurde zum Prototyp für eine neue Generation von Druckwasser-Hebewerken mit Nachfolgern in Frankreich (Les Fontinettes), Belgien (vier Schiffshebewerke am Canal du Centre) und in Kanada (Peterborough und Kirkfield).

The new generation of vertical ship lifts in Europe and Germany

The 19th century witnessed a rapid acceleration in the pace of industrialisation. Parts of central Europe were covered with large urban areas, roads, railways, factories, collieries and steelworks. The speed of technical developments proceeded at a hitherto unknown pace. The seemingly limitless potentials of hydraulic water power transmission led to the development of new systems for cranes and loading systems. After piston systems for railway wagons had been developed, the first hoist for loading small ships was successfully put into operation in 1863/64 in Goole on the east coast of England. The floating containers were lifted out of the water and tipped over, thereby enabling the workers to load all the coal into the ship below in a single operation. This selfenclosed system proved so successful that another four hoists of the same type were taken into operation in Goole over the following decades.

Ship lifts do not simply drop out of the sky. When Edwin Clark (1814–1894) received a commission to design a boat lift between the

Schiffshebewerk Les Fontinettes/ Frankreich (1888 – 1967) am Kanal von Neuffossé
Boat lift Les Fontinettes/France (1888 – 1967) on the Neuffossé Canal

Schiffshebewerk Nr.1 La Louvière/ Belgien (1888) am Canal du Centre
Boat lift No. 1 La Louvière/Belgium (1888) on the Canal du Centre

Das Schiffshebewerk Anderton zwischen dem Trent-and-Mersey-Canal und dem Fluss Weaver/ England (Foto um 1880)
The Anderton boat lift between the Trent and Mersey Canal and the River Weaver/England

Schema für das hydraulische System mit Wasserdruck
Scheme for the hydraulic system using water pressure

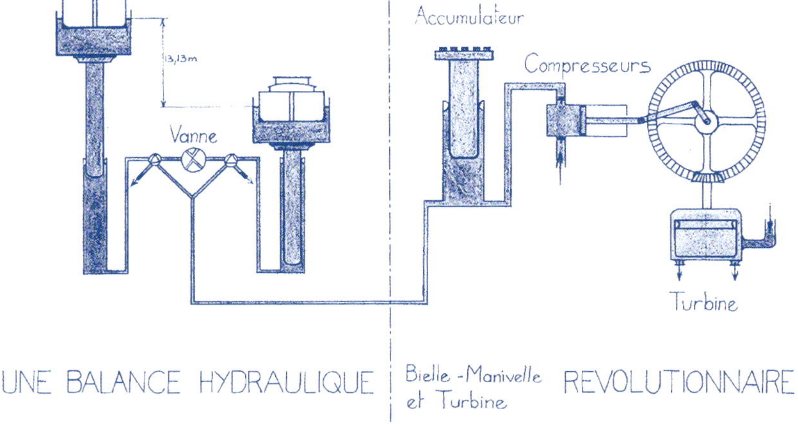

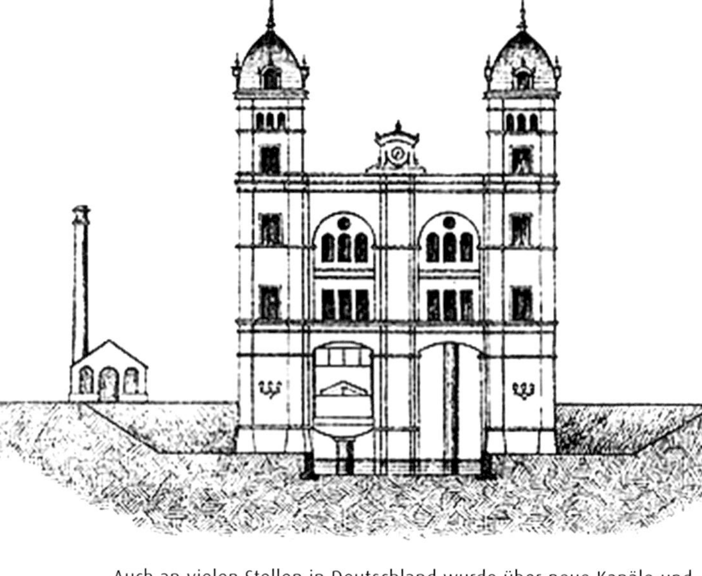

River Weaver and the Trent & Mersey Canal he was already a very experienced and successful engineer. He had successfully built bridges, implemented Armstrong's hydraulic pressure system in developing a new version of a floating dock. The models for his boat lift were Clark's patent floating docks, the hydraulic pressure system used in Goole and the seven counterweight lifts on the Grand Western Canal in the south of England. Clark combined the hydraulic system with the counterweight philosophy to develop the Anderton twin boat lift which went into operation in 1875. With the aid of an accumulator which he had developed himself, the troughs could be driven independently of each other. Anderton was to be the prototype for a new generation of hydraulic pressure boat lifts in France (Les Fontinettes), Belgium, (four boat lifts on the Canal du Centre) and Canada (Peterborough and Kirkfield).

Auch an vielen Stellen in Deutschland wurde über neue Kanäle und über Schiffshebewerke diskutiert. Gesucht wurde eine Ergänzung zum Eisenbahn-Transport, dessen Kapazitäten erschöpft zu sein schienen. In Preußen konzentrierten sich die Auseinandersetzungen zuletzt auf eine Rhein-Weser-Elbe-Oder-Wasserstraße, den Mittellandkanal. Mit dem Dortmund-Ems-Kanal sollte ein erstes Teilstück gebaut werden; dabei ein Schiffshebewerk für bis zu 67 m lange Kanalschiffe.

Teils offen, teils im Verborgenen stritten Ingenieure und Unternehmen über das geeignete System und um den lukrativen Auftrag. Die Gutehoffnungshütte in Oberhausen und der Regierungs-Baumeister Prüsman hatten Forschung und Entwicklung für ein Schwimmer-Hebewerk schon weit voran getrieben, als deutliche Kritik an dem nicht öffentlichen Vorgehen der Wasserstraßen-Verwaltung laut wurde. Die Privatwirtschaft sah sich von der Beteiligung ausgeschlossen. Sie erzwang einen öffentlichen Wettbewerb. Die Entscheidung fiel zu Gunsten eines Hebewerks mit Schwimmern, doch vorgeschlagen von dem Unternehmen Haniel und Lueg in Düsseldorf-Grafenberg. Auch für Schwimmer-Hebewerke mit einem oder mehreren Schwimmern hatten Ingenieure in England und Frankreich bereits Vorschläge veröffentlicht. Die entscheidende Innovation beim Schiffshebewerk Henrichenburg wurde das System zur Stabilisierung des Trogs in waagerechter Stellung mit Hilfe drehbarer Spindeln nach einem Patent von F. Jebens.

Preußens Stolz, zusammen mit dem Deutschen Reich binnen kurzem in den Kreis der Weltmächte aufgestiegen zu sein, spiegelte sich auch am Schiffshebewerk Henrichenburg. Doch mehr als mit seiner Technik, setzte sich der Staat mit der Verkleidungs-Architektur ein Denkmal. Mit einer selbstbewussten Botschaft sollte es sich an die Öffentlichkeit wenden. Die Hochbauverwaltung, so ihr Leiter Karl Hinckeldeyn

▲ **Projekt des deutschen Werft-Direktors E. Bellingrath für ein hydraulisches Hebewerk an einem geplanten Elbe-Spree-Kanal (1879)**
Project for a ship lift with hydraulic rams at the planned Elbe-Spree-Canal devised by the German shipyard director E. Bellingrath

Schwimmer-Hebewerk Henrichenburg: das Modell auf der Weltausstellung in St. Louis (1904)
Henrichenburg Ship Lift: the model at the St. Louis World Exposition ▶

Das Hebewerk Henrichenburg bei Waltrop am neu erbauten Dortmund-Ems-Kanal (populäre Grafik, 1899)
The Henrichenburg Ship Lift near Waltrop/Germany on the newly built Dortmund-Ems-Canal (Popular print, 1899) ▶

There were also discussions on building new canals and ship lifts in many places in Germany, where rail transport capacities had reached the point of exhaustion. In Prussia the debates centred on a waterway between the Rhine, the Weser, the Elbe and the Oder, the so-called Mittelland canal. The first section was to be the canal linking Dortmund and the coastal town of Emden in north-west Germany. This was to include a ship lift able to carry inland waterway vessels to a length of 67 metres.

Engineers and entrepreneurs who were keen on capturing the lucrative commission, were involved in public and private disputes as to

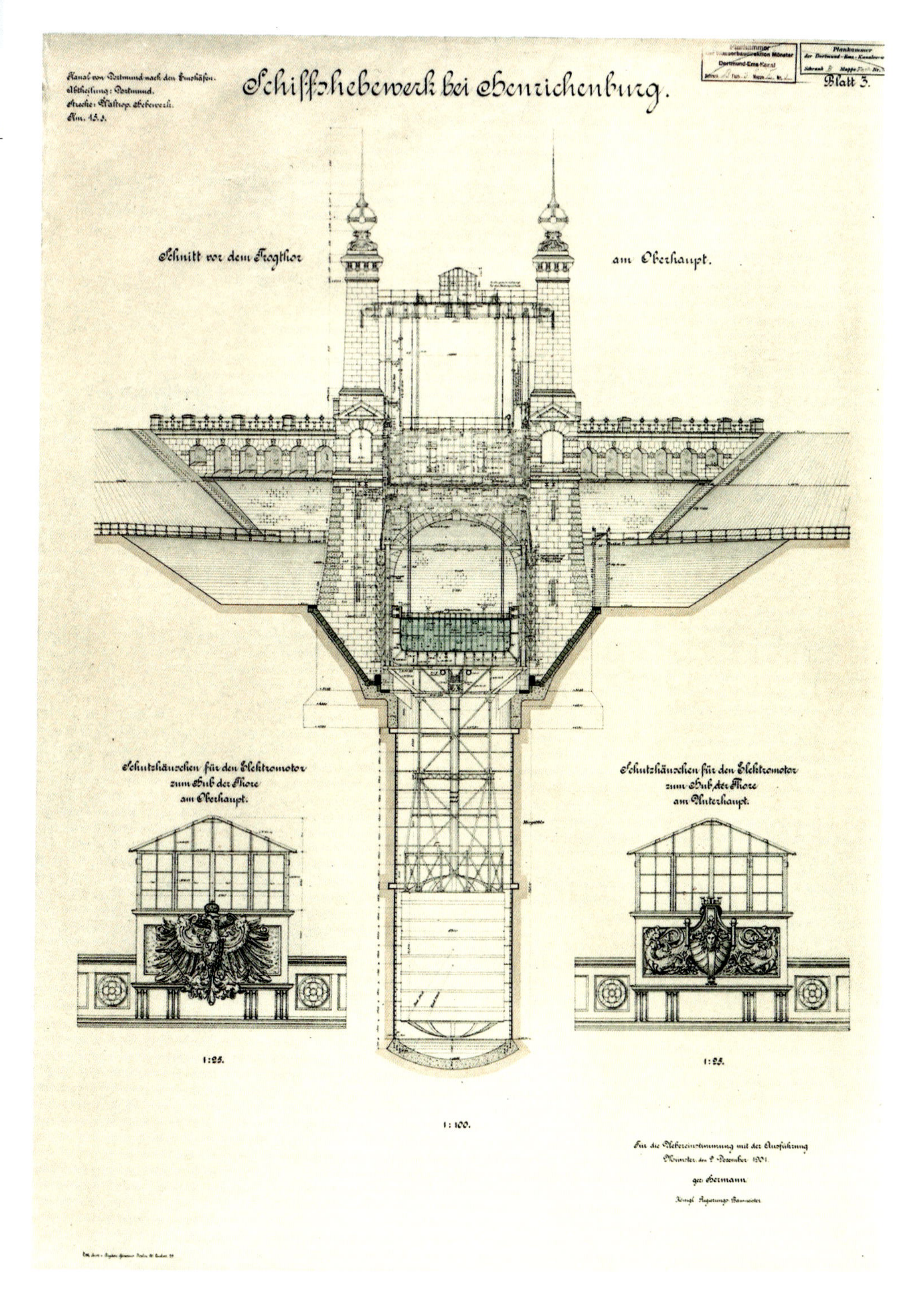
Kanal von Dortmund nach den Emshäfen.
Abtheilung: Dortmund.
Strecke: Waltrop. Hebewerk.
Km. 15,5.
Schiffshebewerk bei Henrichenburg.
Blatt 3.
Schnitt vor dem Trogthor
am Oberhaupt.
Schutzhäuschen für den Elektromotor
zum Hub der Thore
am Oberhaupt.
Schutzhäuschen für den Elektromotor
zum Hub der Thore
am Unterhaupt.
1:25.
1:25.
1:100.
Für die Uebereinstimmung mit der Ausführung
Münster, den 2. Dezember 1901.
gez. Hermann.
Königl. Regierungs-Baumeister.

in einem Vortrag vor Kaiser Wilhelm II., bemühe sich, „ideale Werte" insofern zu schaffen, „als sie auf Urkunden in Stein mitschreibt an der Kulturgeschichte der Zeit, der Nachwelt Kunde gibt von den Baugedanken unserer Tage und ihrem Ausdruck in konstruktiver und architektonischer Beziehung. In sichtbaren, allgemein verständlichen Zeichen spricht sie zum ganzen Volke von der Fürsorge der Staatsregierung (...)." (Zentralblatt der Bauverwaltung, 1905)

Plan für die Schaufassade des Hebewerks Henrichenburg (1901)
Plan for the representative design of the lift

Technische Innovation: eine von vier synchronisierten Spindeln, um den Trog waagerecht zu halten (Foto 1899)
Technical innovation: one of four synchronized spindles, which keep the caisson balanced

Von Beginn an war das Schiffshebewerk Henrichenburg ein Ziel für ungezählte Besucherinnen und Besucher aus aller Welt. Nun kamen sogar die Fachleute aus Frankreich und England, wo über den Ausbau der kleinen Kanäle für größere Schiffe gestritten wurde; in England sollten neue, große Schiffshebewerke die zahlreichen Schleusen ersetzen und den Ablauf der Schifffahrt beschleunigen. Die Popularität des alten Hebewerks Henrichenburg hält bis heute an. Als ein international ausgezeichneter, attraktiver Standort des LWL-Industriemuseums ist es zugleich einer der bekanntesten Leuchttürme der „Industrie-Kultur" in Deutschland.

Um 1900 war das Interesse der Ingenieure an Schiffshebewerken auf einem Höhepunkt angelangt. 1903, im Rahmen eines österreichischen Wettbewerbs für ein Schiffshebewerk bei Prerau, wurden 231 Vorschläge für Schiffshebewerke eingereicht. Die neuen Schiffshebewerke wurden immer größer, die Konstruktionen immer aufwändiger. Jedes Schiffshebewerk ist die individuell entwickelte Antwort auf ein gestelltes Problem. Doch es wäre falsch, in ihnen isolierte Entwicklungen zu sehen. In seiner grundlegenden Studie über die Entwicklung der Schiffshebewerke (1897) machte der Berliner Professor Alois Riedler auf die großen Fortschritte im Maschinenbau und auf Vorbilder wie die großen Last-Aufzüge und Rampen mit Seilbetrieb aufmerksam. Die Arbeit des einzelnen Ingenieurs geht in Arbeits-Gemeinschaften auf.

what was the best system. The Gutehoffnungshütte in Oberhausen and the chief government construction officer, a Herr Prüsman, had made considerable headway in promoting research and development work on a floating ship lift, when they were confronted with loud criticism from experts for their secret procedures. Private entrepreneurs felt that they were being excluded, and put pressure on the government for a public competition. The final decision went to a ship lift with floats, based on a proposal put forward by the Haniel and Lueg company in Düsseldorf. Engineers in England and France had already published proposals for ship lifts with one or more floats. The decisive innovation with the Henrichenburg ship lift was a system to stabilise the trough in a horizontal position with the aid of revolving spindles, patented by F. Jebens.

The Henrichenburg Ship Lift was intended to reflect the pride of Prussia at having risen to the status of a world power within such a short period of time. But it was not so much the technology as the architecture which made the site so representative. It was sending a message of self-confidence to the world. In a lecture given to Kaiser Wilhelm II, the head of the government building administration, Karl Hinckeldeyn, stated that the administration

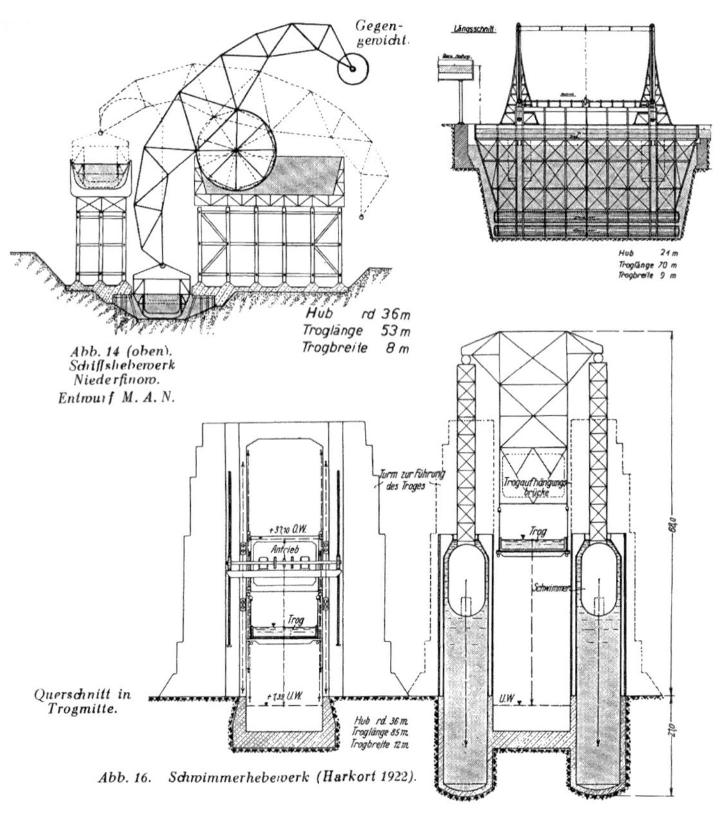

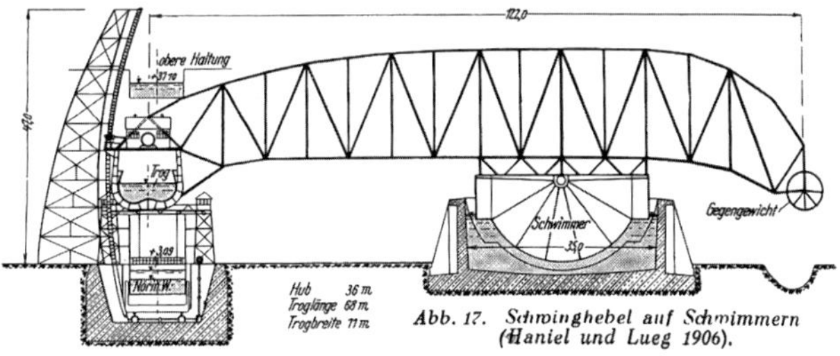

had made great efforts to create "ideal values" to the extent that it "makes a contribution to the cultural history of our time as a certificate written in stone; and that it informs future generations of the building philosophy of our times and its expression in structural and architectural relationships. It speaks to the whole people in generally understandable signs, telling them of the general welfare provided by the State government (...)."

From the very beginning, the Henrichenburg Ship Lift was a popular venue for thousands of day-trippers from all over the world. Now experts even came from France and England, where arguments were still raging about extending narrow canals to cater for larger vessels. In England there were proposals to build large new ship lifts to replace the many locks and accelerate the pace

Nutzung des Auftriebs: Vorschläge für ein Hebewerk Niederfinow
Using the buoyancy principle: proposals for the Niederfinow Lift

Hebewerk-Projekt von Ch. A. Cardot/Frankreich (1901)
Lift project by Ch. A. Cardot/France

Vorschlag für ein Trocken-Hebewerk Niederfinow, Bauart Klönne-Rheinmetall (1924)
Proposal for a dry lift at Niederfinow by the Klönne-Rheinmetall co.

Projekt für ein Trommel-Hebewerk von A. Umlauf/Österreich (1906)
Lift project by A. Umlauf/Austria

Gewinner des Wettbewerbs 1912 für ein Hebewerk Niederfinow: das Waagebalken-Hebewerk von B. Schulz in Zusammenarbeit mit dem Unternehmen Beuchelt
Winner of the 1912 Niederfinow boat lift competition: proposal by B. Schulz and the Beuchelt co.

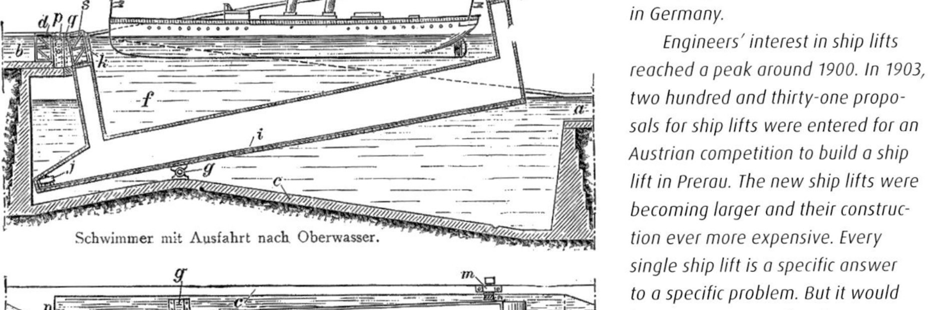

Schwimmer mit Einfahrt von Unterwasser.

Schwimmer mit Ausfahrt nach Oberwasser.

Ansicht des Schwimmers und des Schleusenbeckens von oben.

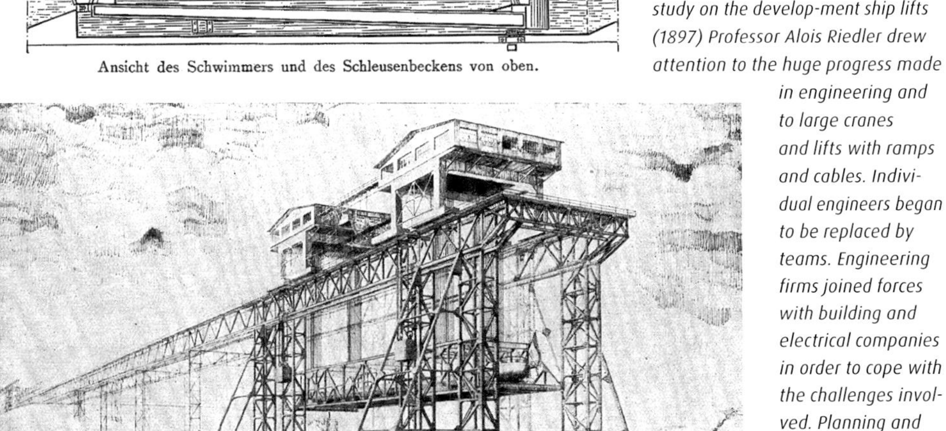

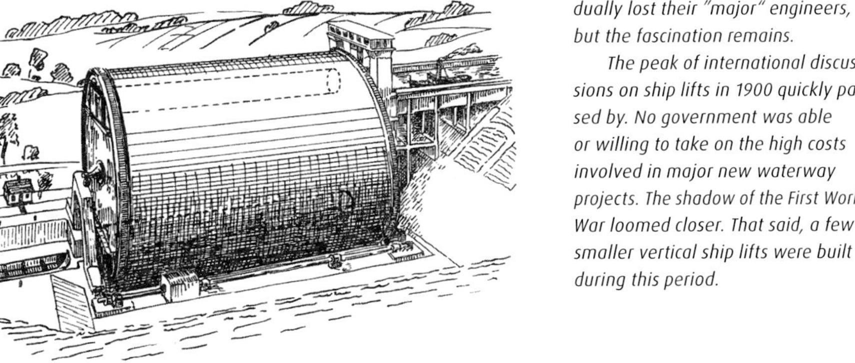

of inland waterway transport. Even today the Old Henrichenburg Ship Lift has lost none of its popularity. It is now an attractive international award-winning site belonging to the LWL-Industrial Museum, and simultaneously one of the leading lights of industrial heritage in Germany.

Engineers' interest in ship lifts reached a peak around 1900. In 1903, two hundred and thirty-one proposals for ship lifts were entered for an Austrian competition to build a ship lift in Prerau. The new ship lifts were becoming larger and their construction ever more expensive. Every single ship lift is a specific answer to a specific problem. But it would be wrong to see isolated improvements in each. In his pioneering study on the develop-ment ship lifts (1897) Professor Alois Riedler drew attention to the huge progress made in engineering and to large cranes and lifts with ramps and cables. Individual engineers began to be replaced by teams. Engineering firms joined forces with building and electrical companies in order to cope with the challenges involved. Planning and procedures replaced individual decisions. The ship lifts gradually lost their "major" engineers, but the fascination remains.

The peak of international discussions on ship lifts in 1900 quickly passed by. No government was able or willing to take on the high costs involved in major new waterway projects. The shadow of the First World War loomed closer. That said, a few smaller vertical ship lifts were built during this period.

Hebewerk als angepasste Problem-Lösung: der "passe bateau" von La Belette bei Niort/Frankr. (ca. 1900)
The boat lift as an appropriate problem solution: the La Belette lift near Niort/France

Projekt der deutschen Ingenieure Ollert und Rottmayer für ein Hebewerk in Amerika mit 64 m Hubhöhe für See-Schiffe (1924)
Ollert's and Rottmayer's project for a 64-m-ship lift for ocean-going vessels in America

Das Trocken-Hebewerk Broekerhaven/Niederlande für kleine Gemüse-Schiffe (um 1920)
The Dry Lift Broekerhaven/Netherlands for small vegetable barges

Unternehmen aus dem Maschinenbau, aus dem Bau- und Elektrowesen schließen sich zu Arbeits-Gemeinschaften zusammen, um die gestellten Aufgaben zu bewältigen. An die Stelle individueller Entscheidungen treten Planungs-Abläufe und Prozesse. Die Hebewerke verlieren ihre „großen" Ingenieure, doch die Faszination an diesen großen Maschinen besteht weiter.

Schnell hatte die internationale Hebewerks-Diskussion ihren Höhepunkt um 1900 auch wieder überschritten. Keine Regierung konnte und wollte die hohen Kosten für neue, große Wasserstraßen-Projekte auf sich nehmen. Der Erste Weltkrieg warf seine Schatten voraus. Gleichwohl wurden einige kleinere Senkrecht-Hebewerke in diesen Jahren gebaut:

- das Kleinst- und Trocken-Hebewerk von la Belette/Frankreich (Hubhöhe 0,50m),
- die hydraulischen Hebeanlagen Nr. 3, 4 und Nr. 5 im Hafen Goole/England nach Muster der ersten beiden Anlagen,
- die beiden bereits erwähnten hydraulischen Hebewerke Peterborough und Kirkfield in Kanada,
- drei hydraulische Hebewerke nach dem Vorbild des ersten am Canal du Centre/Belgien,

- das doppelte Kran-Brücken-Hebewerk Postjeswetering in Amsterdam,
- das Kran-Brücken-Hebewerk Broekerhaven / Niederlande; es wurde als technisches Denkmal erhalten.

Im Jahr 1908 war der Umbau des hydraulischen Doppel-Hebewerks Anderton aus dem Jahr 1875 zu einem Doppel-Hebewerk mit Gegengewichten abgeschlossen. Es wurde zum geheimen Vorbild für das zweite große Schiffshebewerk in Deutschland, das Gegengewichts-Hebewerk Niederfinow am Oder-Havel-Kanal, nordöstlich von Berlin.

Zur feierlichen Inbetriebnahme 1934 hatten die Nationalsozialisten unter der Leitung von Albert Speer ihre Symbole daran „angeklebt" und das Hebewerk für sich vereinnahmt. Doch das Schiffshebewerk Niederfinow war ein Werk der vorsichtigen Ingenieure aus der Wasserstraßen-Verwaltung der zwanziger Jahre. Über zwanzig Jahre hatten sie an der angemessenen technischen Lösung für ein Gegengewichts-Hebewerk von 37 m Hubhöhe gearbeitet. Im Vergleich mit den Vorschlägen aus dem Wettbewerb vor dem Ersten Weltkrieg war das eine konservative Lösung. Ein innovatives Detail war die Trennung des Antriebs vom Sicherheits-Bremssystem (Drehriegel mit Mutterbacken-Säule; Patent Loebell). Es bewährte sich. Deshalb wurde es etwa vierzig Jahre später auch beim Gegengewichts-Hebewerk Lüneburg eingebaut (fertig gestellt 1975) und auch für das neue Schiffshebewerk Niederfinow vorgesehen. Die Architektur dieses Ingenieurbaus war zum Gegenstand

These included:

- *the small dry lift La Belette near Niort/France (lift height 0.50 metres);*
- *the hydraulic lifts numbers 3, 4 and 5 in Goole harbour (England), which were built on the model of the first two,*
- *the two above-mentioned hydraulic ship lifts in Peterborough and Kirkfield in Canada,*
- *three hydraulic ship lifts on the model of the first on the Canal du Centre in Belgium,*
- *the Postjeswetering twin crane-bridge ship lift in Amsterdam,*
- *the Broekerhaven crane bridge ship lift in the Netherlands, which has been preserved as a technical monument.*

In 1908 work was completed on turning the Anderton hydraulic twin ship lift, originally built in 1875, into a twin ship lift with counterweights. Thus it became a secret model for the second large ship lift in Germany, the Niederfinow counterweight ship lift on the Oder-Havel Canal, north-east of Berlin.

When the Niederfinow lift was officially opened in 1934 the Nazis under Albert Speer made it their own by plastering it with their symbols. The truth, however, was that the Niederfinow ship lift was the work of cautious engineers employed by the waterways management in the 1920s. They had been working for over twenty years on an appropriate solution for the counterweight ship lift which had a height of 37 metres. This was a conservative solution in comparison to the sugges-

eines eigenen Wettbewerbs gemacht geworden, doch die Bauverwaltung bestand auf ihrem Entwurf und provozierte damit eine heftige Kritik an der unklaren Ingenieur-Ästhetik des Hebewerks Niederfinow.

„Alles ist machbar", „nichts ist unmöglich" – in Formeln wie diesen tönt selbstherrlicher Ingenieur-Geist des 19. Jahrhunderts nach. Sprache ist ein Spiegel des Zeitgeistes, und sie kann zeigen, wohin er sich entwickelt. Aus „Riesen der Technik" werden „Zyklopen", aus den „Musterwerken" die „Meisterwerke der Technik". 1934 erklärt eine Broschüre das Gegengewichts-Hebewerk Niederfinow zu einer „Großtat deutscher Technik"; 1943 wird daraus eine „Deutsche technische Großtat".

Propagandistische Überhöhung in Bild und Text (1934)
Uplifting propaganda in words and image

Schwimmer-Hebewerk Rothensee (1938)
Flotation Lift Rothensee/Germany

Inbetriebnahme des neuen Schwimmer-Hebewerks Henrichenburg (1962)
Opening of the new Flotation Lift Henrichenburg/Germany

Geschichtszeichen

Jedes Schiffshebewerk in Deutschland spiegelt nicht nur ein Stück aktuelle Technik und Technik-Entwicklung. Es ist auch ein Geschichts-Zeuge und Repräsentant für die Epoche seiner Entstehung. Repräsentierte das alte Hebewerk Henrichenburg den Geist Preußens und des Deutschen Kaiserreichs, dann stand das alte Hebewerk Niederfinow für die junge Demokratie der Weimarer Republik. Und das Hebewerk Rothensee?

Wie seit Jahrzehnten geplant sollten die Wasserstraßen-Reviere westlich und östlich der Elbe eine direkte Verbindung erhalten. Doch es ging nicht um die Verwirklichung einer alten Vision. Nach 1933, im Zusammenhang mit den Vorbereitungen auf den Krieg, forderten die nationalsozialistischen Machthaber von der Wasserstraßen-Verwaltung die beschleunigte Fertigstellung des Mittellandkanals.

Trotz hoher Priorität wurde nur das Schwimmer-Hebewerk Rothensee auf der Westseite der Elbe fertig. Es nahm 1938 den Betrieb auf. Die Bauarbeiten am Doppel-Hebewerk auf der Ostseite der Elbe und an der Kanal-Überführung gingen weiter. Dennoch feierte man mit dem Hebewerk Rothensee die Fertigstellung des Mittellandkanals. – Im Oktober 2003, 14 Jahre nach der friedlichen Revolution in der Deutschen Demokratischen Republik und nach der Vereinigung der beiden deutschen Staaten, wurde die Brücke über die Elbe in Betrieb genommen. An der Stelle, wo 1941 der Bau des Doppelhebewerks Hohenwarthe kriegsbedingt eingestellt werden musste, steht seit 2002 die Doppelschleuse mit

tions put forward in the competition held before the First World War.

One innovatory detail was the separation of the driving gear from the security brake system by means of a rotary-lock-bar, shaped like a screw, embedded in a 36 m long split-inside-thread. (Patent Loebell). It proved its worth. For this reason it was also inserted into the Lüneburg counter-weight ship lift which was completed about forty years later in 1975. It was also foreseen for the new Niederfinow ship lift.

In 1927 there was a separate competition for the architecture of the building intended to house this Niederfinow lift. But the waterways authorities management insisted on its own design, thereby attracting a hail of criticism for its unclear engineering aesthetics.

"Everything can be done", "nothing's impossible". High falutin phrases like this were normal in the self-glorifying atmosphere of the 19th century. Language is a reflection of the spirit of the age and reveals the way this spirit develops. "Technical giants" turned into "Cyclops" and "model works" into "technical

demselben Namen. Neben dem Schiffshebewerk Rothensee entstand als preiswerte Alternative die Schleuse Rothensee. Im Sommer 2006 legte die Wasserstraßenverwaltung das Hebewerk aus betrieblichen Gründen still. 2013 nahm die Stadt Magdeburg es als touristische Attraktion wieder in Betrieb.

Ausbau-Planungen für das Kanalnetz in Preußen mit mehreren Hebewerken reichten bis in die Zeit um 1900 zurück. Überlegungen für ein zweites Schiffshebewerk Henrichenburg gingen bis in die Zeit des ersten Hebwerks zurück. Damals entschied man sich für den Bau einer Schacht- und Sparschleuse, die zusammen mit der Schacht- und Sparschleuse Minden zwischen Mittellandkanal und Weser die größten ihrer Zeit waren. Mit dem Ausbau des Dortmund-Ems-Kanals in den

masterpieces". In 1934 a brochure on the Niederfinow counterweight ship lift declared that it was a "major achievement of German technology". By 1943 it had become a "German major technical achievement".

Landmarks in history

Every ship lift in Germany not only reflects current technological developments but also bears witness to the age in which it was created. The Old Henrichenburg Ship Lift is a symbol of the spirit of Prussia and the German Kaiserreich, the Old Niederfinow ship lift reflects the spirit of the burgeoning democracy in the Weimar Republic. What will the Rothensee ship lift represent?

Plans have existed for decades for the area of waterways west and east of the River Elbe to be given a direct link. This was not about turning an old vision into reality. After they took over power in 1933 the Nazis demanded that work be accelerated on completing the Mitteland canal, as part of their preparations for war.

1920er Jahren für 1.500-t-Schiffe stellte sich auch die Frage nach einem Schiffshebewerk wieder neu. 1957 übernahm das Neubauamt Datteln die weiteren Untersuchungen und erteilte im Herbst 1958 die Aufträge für den Bau eines neuen Hebewerks Henrichenburg. Die Liste der beteiligten Unternehmen klang wie ein „Who is who" der westdeutschen Wirtschaft. Planungen für Schiffshebewerke gab es auch in Süddeutschland. Im Verlauf der „Großschifffahrts-Straße Rhein-Main-Donau" sollten Hebewerke bei Rednitzhembach, bei Heuberg und Dietfurt entstehen. Für eine Hochrhein-Bodensee-Donau-Wasserstraße waren Senkrecht-Hebewerke bei Unterkirchberg, Baltringen, Ummendorf und Friedrichshafen, außerdem der Bau einer geneigten Ebene vorgesehen worden. Hier wie andernorts blieb es bei den Projekten.

Wiederum waren während der Planung für das neue Hebewerk Henrichenburg alle System-Alternativen für die Schiffshebung sorgsam studiert worden, mit dabei und wohl zum letzten Mal die Rothmund'sche Tauchschleuse. Ausgeführt wurde jedoch ein Zweischwimmer-Hebewerk mit Spindel-Führung wie bei seinem Vorgänger. Fertig gestellt wurde es im Jahr 1962.

Wie das alte wurde inzwischen auch das neue Schiffshebewerk zu einem Symbol: Auch Wasserstraßen-Verwaltung und Binnenschifffahrt hatten nach dem Zweiten Weltkrieg zum Wirtschaftswunder in Westdeutschland beigetragen. – Im Dezember 2005 wurde das neue Schiffshebewerk Henrichenburg wegen technischer und baulicher Mängel stillgelegt.

Liegen die großen Hebewerke in Deutschland auf der inländischen Wasserstraßen-Verbindung zwischen Rhein, Weser, Elbe und Oder wie Perlen auf einer Kette, dann ist das Hebewerk Lüneburg ein Anhänger für diese Kette.

Despite its high priority only the Rothensee floating ship lift on the west side of the Elbe was completed and put into operation in 1938. Construction works on the double lift on the east side of the Elbe and on the canal aqueduct went on. Nonetheless the Rothensee ship lift was celebrated as the completion of the Mittelland Canal.

In October 2003, 14 years after the peaceful reunification of Germany, the canal aqueduct over the River Elbe was opened. At the place where the construction of the Hohenwarthe twin ship lift had to be abandoned in 1941 because of the war, now stands a twin lock with the same name completed in 2002. The Rothensee lock was built as an economic alternative to stand along side the Rothensee ship lift. In summer 2006 the waterway authorities closed down the shiplift for operational reasons. In 2013 the city of Magdeburg reopened its shiplift as a tourist attraction.

Plans to extend the network of canals in western Prussia had existed even before 1900. Discussions on building a second Henrichenburg ship lift began during the lifetime of the first. At the time it was decided to build a shaft lock with side ponds which, with the Minden lock between the Mittelland Canal and Weser, would have been the largest of its time.

When the Dortmund-Ems canal was enlarged in the 1920s to take ships of up to 1,500 tons, the question of a new ship lift arose once more. In 1957 the building office in Datteln near Dortmund, undertook further studies and in autumn 1958 commissioned the building of a new ship lift at Henrichenburg. The list of companies involved reads like a who's who of German business. There were also plans for ship lifts in southern Germany. Ship lifts were to be built along the Rhine-Main-Danube water-

Seit dem Ende des Zweiten Weltkriegs war die Elbe der Grenzfluss zwischen den beiden deutschen Staaten. Schifffahrts-Rechte und Wasserbau-Pflichten waren immer wieder umstritten. Um unabhängig davon, aber auch von den Niedrigwassern der Elbe zu werden und die Schifffahrt zwischen West-Berlin und Hamburg jederzeit sicher zu stellen, beschloss die Bundesregierung den Bau des Elbe-Seitenkanals. Er verbindet den Mittellandkanal mit dem für Import und Export bedeutenden Hafen Hamburg.

Die Tauchschleuse von Prof. Rothmund: 1955 zum letzten Mal als technische System-Alternative für das Hebewerk Henrichenburg vorgeschlagen
Prof. Rothmund's submersible lock: presented for the last time in 1955 as an alternative project for the Henrichenburg Ship Lift/Germany

Inzwischen waren in Belgien, Frankreich, Russland größere, in Tschechien und China kleinere geneigte Ebenen erfolgreich in Betrieb genommen worden. Die Planer des Hebewerks Lüneburg prüften, verglichen und bewerteten die größeren dieser Anlagen mit den größeren Senkrecht-Hebewerken. Zum Schluss fiel die Entscheidung wieder für den Bau eines Gegengewichts-Hebewerks. Um im Fall von Reparaturen nicht den Schiffsverkehr sperren zu müssen und den Hamburger Hafen vom Hinterland abzuschneiden, erweiterte man die Anlage um ein zweites Gegengewichts-Hebewerk. Das Doppelhebewerk Lüneburg nahm 1975 den Betrieb auf. Zeitweilig war es das größte Hebewerk der Welt. Mit der Inbetriebnahme des Doppelhebewerks im belgischen Strépy-Thieu 2002 gab es einen neuen „Weltmeister". Er wurde 2015/16 vom Senkrecht-Hebewerk am Drei-Schluchten-Damm in China abgelöst.

Motor-Güterschiff im Trog des Doppel-Gegengewichts-Hebewerks Lüneburg
Motor vessel in the caisson of the Lüneburg twin lift with counterweights/Germany

In Deutschland, an der Havel-Oder-Wasserstraße, nordöstlich von Berlin, neben dem alten Schiffshebewerk Niederfinow, steht das neue Schiffshebewerk Niederfinow vor der Fertigstellung. Es könnte zu einem Tor und zu einem Zeichen für die nach Osten erweiterte europäischen Gemeinschaft werden. Dieses neue Hebewerk Niederfinow schlägt zugleich eine Brücke zur internationalen Familie der Schiffshebewerke. Eine Kooperation mehrerer Unternehmen mit Lahmeyer International GmbH und Krebs und Kiefer GmbH in der Hauptrolle erhielten den Auftrag, das technische Konzept für ein Schiffshebewerk am Drei-Schluchten-Damm in China auszuarbeiten. Seit 2016 werden der Welt-Öffentlichkeit hier neue Ingenieur-Superlative präsentiert. Die Hubhöhe für Schiffe bis 3000 t beträgt 113 m. Mit dem Hebewerk Xianjiaba werden Schiffe bis 500 t den Damm am Fluss Jinsha überqueren. Hubhöhe hier: 114,2 Meter. Zahlreiche Hebewerke zur Überquerung von Staudämmen und weitere Hebewerks-Projekte haben China zum Land der Schiffshebewerke werden lassen.

Computer-Bild vom neuen Gegengewichts-Hebewerk Niederfinow (2005)
Digital image of the new Ship Lift at Niederfinow/Germany with counterweights

Doppel-Gegengewichts-Hebewerk Strépy-Thieu/Belgien mit 73,15 m Hubhöhe
The counterbalanced 73,15 m twin Ship Lift at Strépy-Thieu/Belgium

Im Gemälde visualisiert: der Drei-Schluchten-Damm (China) mit dem Hebewerk
Completed as a painting: the Three-Gorges-Dam (China) including the ship lift

Parallel zum Drei-Schluchten-Damm Hebewerk: das Xiangjiaba Projekt
Parallel to the TGP Ship Lift: Xiangjiaba dam and ship lift

Freundliche Botschafter der Technik

Technische Kultur-Denkmale und Industriekultur in Deutschland haben es schwer. Insbesondere an den Flüssen und Kanälen wurden nur sehr wenige technische Denkmäler erhalten. Dabei zeigt das Vorbild England, dass die alten und die neuen Schiffshebewerke nach dem Ende der kommerziellen, traditionellen Binnenschifffahrt zu Attraktionen für den neuen Wasser-Tourismus gemacht werden und damit wieder profitabel werden können:

- das rekonstruierte hydraulische Hebewerk Anderton in Mittelengland,
- das neue Drehhebewerk „The Wheel" in Schottland,
- das kleine hydraulische Hebewerk im Besucher-Zentrum von Standedge.

Alle Anlagen wurden und werden als touristische Highlights mit großer Ausstrahlung konzipiert und betriebenen. Wachsende Besucher-Zahlen und Investitionen bestätigen, dass die Schaulust wächst. Schiffshebewerke sind die „Highlights" für das gesamte Wasserstraßen-Netz.

Der Industriekultur-Tourismus ist auch in Deutschland ein Wachstums-Markt. Allein eine bis zwei Millionen Menschen besuchen in jedem Jahr die Schiffshebewerke. Eine Fahrt mit dem Schiff durch ein Hebewerk gehört zu den Höhepunkten eines Ausflugs zur Technik. Sie wird so zu einem lebendigen Erlebnis: Die Schiffshebewerke der Welt sind freundliche Botschafter für die Faszination Technik in Geschichte, Gegenwart und Zukunft.

way, at Rednitzhembach, Heuberg and Dietfurt. And there were plans to construct vertical ship lifts on the Upper Rhine-Lake Constance-Danube waterway at Unterkirchberg, Baltringen, Ummendorf and Friedrichshafen, not forgetting the construction of an inclined plane. These projects remained plans.

During the planning of the new Henrichenburg ship lift all alternative systems were carefully considered including, for the last time, the submersible lock designed by Prof. Rothmund. The upshot, however, was a twin float ship lift with spindle guides like its predecessor. It was completed in 1962.

The New Henrichenburg Ship Lift, like the old one, also became a symbol of the age. Inland waterways authorities also played their part in the post-war German economic miracle. That said, the New Henrichenburg Ship Lift, was closed down in December 2005 because of technical and building defects.

If the major lifts in Germany on the inland waterway link between the Rhine, Weser, Elbe and Oder can be compared to a string of pearls on a necklace, then the Lüneberg Ship Lift might be regarded as a pendant to it. From the end of the Second World War the River Elbe was the border between the divided German states and there were regular disputes about navigation rights

Die Highlights der englischen Kanäle: Werbe-Postkarte
Picture postcart highlighting British waterways constructions

Königin Elisabeth II. besucht die Feier zur Inbetriebnahme des Dreh-Hebewerks Falkirk/Schottland (2002)
Queen Elizabeth II. attends the opening ceremony at the rotating lift "The Falkirk Wheel"

and water construction duties. The West German government decided to construct the Elbe Lateral Canal not only to avoid some of these disputes, but also to make itself more independent of the negative surges of the Elbe and guarantee continuous waterway traffic between West Berlin and Hamburg. links the Mittelland canal with the major import/export centre in Hamburg.

During this time larger inclines were built in Belgium, France, and Russia; and smaller ones in the Czech Republic and China were successfully put into operation. The persons responsible for planning the Lüneburg ship lift compared and assessed the larger inclines with large-scale ship lifts, and finally opted for a counterweight ship lift. This was to be extended with a second lift in order to ensure that waterway transport to and from Hamburg would not come to a halt if repairs on the first became necessary. The twin ship lift at Lüneburg finally went into operation in 1975; at the time it was the largest ship lift in the world. The opening of the twin ship lift at Strépy-Thieu (Belgium) in 2002 heralded a new "world champion". It was only dethroned in 2015/16 by the vertical shiplift at the Three Gorges Dam in China. In Germany, work is almost complete on the new ship lift at Niederfinow (adjacent to the old Niederfinow shiplift), on the Havel-Oder waterway north-east of Berlin. The New Niederfinow Ship Lift could function as a gateway to the East, and as a symbol of the eastward extension of the European Community. At the same time it builds a bridge to the international family of ship lifts. A German consortium of several enterprises with Lahmeyer International and Krebs and Kiefer as the main contractors has been asked to develop the technical design for the ship lift at the Three Gorges Dam in China. Here the world is to be presented with new engineering superlatives. The height of the lift, which will be able to carry ships of up to 3,000 tonnes, is 113 metres. But it will be exceeded by the Xiangjiaba ship lift (114,- m) which will enable ships of up to 500 tonnes to cross a dam at the Jinsha River. With its many ship lifts and a wealth of future projects, China has become the "Land of Ship Lifts".

Appealing messengers of technology

Technical monuments and industrial heritage have a hard time in Germany. Only a very few technical monuments on canals and rivers have been preserved. By contrast, England is leading the way in turning old and new ship lifts alike into profitable modern tourist attractions after the death of traditional commercial waterway activities. The country's major attractions include

- *the reconstructed hydraulic Anderton boat lift in Central England,*
- *the "Wheel", a new revolving ship lift in Scotland*
- *and the small hydraulic lift in the visitor center in Standedge.*

All these sites have been conceived as powerful tourist highlight and given an appropriate setting.

More and more visitors and new investments are living confirmation of the growing interest in ship lifts: the highlights along the network of waterways.

There is also a growing market in industrial heritage tourist attractions in Germany. Visitor figures at the ship lifts amount to somewhere between 1,000,000 and 2,000,000 per year. Operating ship lifts are just one of the many attractions. A boat trip through a ship lift is one of the highpoints of a day out, for the experience can be enjoyed live. Ship lifts all over the world appeal to people's fascination with technical matters, both past and present.

The Link

A project to regenerate the Forth & Clyde and Union Canals

THE MILLENNIUM LINK NEWSLETTER ISSUE 19 SUMMER 2002

INSIDE

Counting down to the Royal opening 2

Record trip 5

Readers' Survey – help us help you 11

The Falkirk Wheel wins major steel award 14

www.scottishcanals.co.uk

We've Done It!

What an outstanding achievement by everyone involved in completing The Millennium Link, Britian's largest canal restoration project. More than 5000 people attended the Royal ceremony at The Falkirk Wheel on 24 May 2002, bringing Scotland's canals into the year 2002 in truly remarkable fashion. During her 'walkabout' and despite inclement weather, Her Majesty The Queen clearly enjoyed meeting as many guests as possible. Then, when The Falkirk Wheel started to rotate, it was obvious Her Majesty was enthralled, her attention totally focussed on this amazing structure. Having met many people directly involved in the project within the Visitor Centre, the Queen and Duke of Edinburgh spent time viewing the impressive exhibition area before leaving to return to Holyrood. 24 May 2002 - a truly memorable day.

M

Millennium Commission Lottery Project

Final Issue

Schiffshebewerke in Deutschland

Ship Lifts in Germany

1 **Senkrecht-Hebewerk Halsbrücke am Kurprinzer Bergwerkskanal, 1789–1868**
Halsbrücke Vertical Lift on the Kurprinz Mining Canal, 1789–1868

2 **Altes Schiffshebewerk Henrichenburg am Dortmund-Ems-Kanal, 1899–1970**
Old Henrichenburg Ship-Lift on the Dortmund-Ems-Canal, 1899–1970

3 **Altes Schiffshebewerk Niederfinow am Havel-Oder-Kanal (früher Hohenzollern-Kanal), 1934**
Old Niederfinow Ship Lift on the Havel-Oder-Canal (former Hohenzollern Canal), 1934

4 **Faltboot-Hebewerk bei Hausen am oberen Main, 1934–1957/58**
The Folding-Boat (canoe) Lifts near Hausen

5 **Faltboot-Hebewerk bei Steinbach an der Iller, 1938–1959/60**
The Folding-Boat (canoe) Lifts near Steinbach

6 **Schiffshebewerk Rothensee am Mittellandkanal, 1938–2006; 2013**
Rothensee Ship Lift on the Mittelland-Canal, 1938–2006; 2013

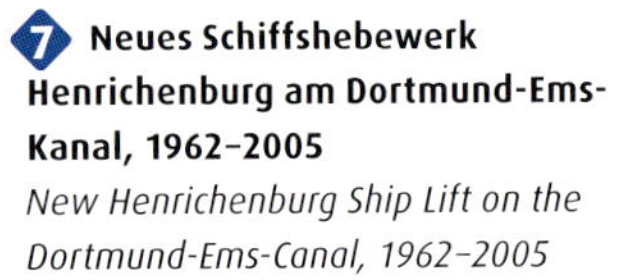

7 **Neues Schiffshebewerk Henrichenburg am Dortmund-Ems-Kanal, 1962–2005**
New Henrichenburg Ship Lift on the Dortmund-Ems-Canal, 1962–2005

8 **Schiffshebewerk Lüneburg am Elbe-Seitenkanal, 1975**
Lüneburg Ship Lift on the Elbe-Seiten-Canal, 1975

9 **Neues Schiffshebewerk Niederfinow am Havel-Oder-Kanal, 2018**
New Niederfinow Ship Lift on the Havel-Oder-Canal, 2018

1 **Polen**/*Poland*
Zwei geneigte Ebenen am Stollenkanal, ca. 1810–1834/36 (oberhalb des Kanał Kłodnica, ehemals Preußen)
Two inclines on the Stollencanal, Poland (upper part of the Kłodnica Canal, former Prussia)

2 **Polen**/*Poland*
Fünf geneigte Ebenen am Kanał Ostródzko-Elbląski (Oberlandkanal, ehemals Preußen), 1861/1884
Five inclines on the Ostródzko-Elbląski Canal, 1861/1884, former Prussia

Moderne Wasserstraßen (Fluss, Kanal)
High-capacity waterways (river, canal, modern era)

Kleinere Wasserwege (Fluss, Kanal, historische Plätze)
Smaller waterways (river, canal, "historic" era)

Nicht schiffbare Flüsse *Unnavigable rivers*

Senkrecht-Hebewerke in Deutschland
Lifts and inclined planes in Germany

Geneigte Ebenen außerhalb von Deutschland
Inclined planes outside Germany

1789–1868 Kahn-Hebehaus Halsbrücke bei Freiberg in Sachsen

The Halsbrücke Barge Lift House near Freiberg in Saxony

Geschichte in Stichworten

An der Person Johann Friedrich Mende schieden sich die Geister, unbestritten waren sein Können und seine Werke. „Von ihm fängt sich eine Epoche der Cultur des sächsischen Bergmaschinen-Wesens an, die immer merkwürdig bleiben wird. Seine Verdienste beschränkten sich nicht auf kleinliche Nebendinge, sondern auf Anlagen im Großen und auf Verbesserungen der Maschinen in ihren Hauptteilen. (Auszug aus dem Nachruf von Freiesleben, 1799). J. F. Mende, am 3. Oktober 1743 als Sohn eines Mühlenbesitzers zu Lebusa in der Niederlausitz geboren, studierte an der jungen Bergakademie Freiberg/Sachsen. Geschätzt waren sein „erfinderischer Geist" und sein handwerkliches Geschick im Modellbau. 1767 wurde er zum „Kunstmeister" bestellt, 1770 zum sächsischen Kunstmeister bei allen Bergämtern. Von dieser neuen Kontroll-Instanz erwartete die oberste Landesbergbehörde wesentliche Verbesserungen bei den „in elendester Verfassung sich befindenden Bergwerksmaschinen". Am 19. Januar 1788 erfolgte die Ernennung Mendes zum Maschinendirektor.

Mende verfügte über das Wissen und die praktischen Fertigkeiten des gesamten Bergmaschinen-Wesens. Dazu gehörte auch der Wasserbau. Er leitete die Arbeiten am Kurprinzer Bergwerkskanal zwischen der staatlichen Grube „Churprinz Friedrich August Erbstolln" und der Erz-Verhüttung in Halsbrücke nahe Freiberg. Mit der Erweiterung des Kunstgrabens wurde ein kostengünstigerer Erz-Transport per Schiff möglich.

Otfried Wagenbreth hat dieses Wasserbau-System erforscht und beschrieben. Danach war die Erweiterung des bestehenden Kunstgraben-Systems in mehreren Abschnitten geplant und gebaut worden. Ein Bauwerk erregte schon bei den Zeitgenossen größte Aufmerksamkeit und war umgehend als Merk- und Sehenswürdigkeit anerkannt: das Kahn-Hebehaus von Halsbrücke (gelegentlich auch Rothenfurther Kahn-Hebehaus). Im Endausbau sollte der Kanal drei dieser „Hebezeuge" erhalten.

Am 15. August 1788 beauftragte der sächsiche Kurfürst Mende mit der Anlage des Kurprinzer Bergwerkskanals „sowie der etwa nötigen Schleusen und Hebezeuge". Im Oktober 1789 war er fertig gestellt. Ende 1791 stand auch das Mauerwerk für das zweite, das Christbescherunger Hebehaus. Die maschinelle Einrichtung unterblieb wahrscheinlich. Auf Planungen beschränkt blieb das Hebehaus von Kleinvoigtsberg.

Das Kahn-Hebehaus hat eine Vorgeschichte. Sie ist nur in Bruchstücken bekannt. J. F. Mende hatte bereits eine Anlage zum Heben und Senken von Schiffen entwickelt.

Brief history

Johann Friedrich Mende was quite a controversial character. But his talents and his works were universally acknowledged. "He marks the start of an epoch of culture in Saxon mining engineering, which will always remain remarkable. His achievements were not restricted to minor secondary works but to major works and engineering improvements." (Excerpt from the obituary written by Freiesleben, 1799). J. F. Mende was born on 3rd October 1743 as the son of a mill owner in Lebusa in the Lower Lausitz area and studied at the newly-opened mining academy in Freiberg (Saxony). His "inventive spirit" and his talent for model building were greatly appreciated. In 1767 he was given the official title of "Kunstmeister" [master of the machineries], and in 1770 he became the Saxon „Kunstmeister" for all the region's mining offices. The chief regional mining authority hoped that his appointment would lead to a fundamental improvement in the "deplorable state of mining machines". On the 19th of January 1788 Mende was appointed as Director of Machines.

Mende was thoroughly versed in the theory and practice of everything to do with mining machines, including water constructions. He was the head of works at the

Ende 1787/Anfang 1788: Im Zusammenhang mit seinen wasserbaulichen Arbeiten an der Unstut führt Mende dem kursächsischen Bergamt in Eisleben ein großes Modell vor. (Abb. s. S. 25) Mit so einer Maschine sollen „40 bis 50 Centner tragende Fahrzeuge über Wehre, oder von tiefern zu höhern Punkten" gehoben werden.

20. Juni 1788: Weiterer Bericht Mendes zur Schiffbarmachung der Flüsse Unstrut, Saale, Parthe und Mulde bis zur Elbe

21. Juni 1788: Aufforderung an Mende, „in Dresden, aufm Schlosse, sich einzufinden, um dem Churfürsten die in Eisleben gebrauchte Maschine im Modell zu zeigen. Dies geschah und noch desselben Tages (...) mit der Weisung, dahin jedoch zu sehen, daß von der Navigations=Idee vor der Zeit nicht zu viel auskäme." (nach Pinckert 1831)

Das Hebewerk Halsbrücke in Betrieb (Gemälde um 1840)
The Halsbrücke barge lift

Eine Maschine zur Hebung von Schiffen wurde an der Unstrut nicht gebaut, stattdessen Stein-Schleusen. Die Gründe sind nicht bekannt. Nur das Modell hat sich erhalten. Vielleicht hatten andere Fachleute technische Details wie die Statik des Holz-Gerüsts bezweifelt; möglicherweise waren die Bau-Kosten zu hoch.

Wie es funktioniert – Stichworte zur Technik

1823 besuchte Gotthilf Hagen, einer der bedeutendsten Fachmänner für den Wasserbau des 19. Jahrhunderts, das Halsbrücker Kahn-Hebehaus, und er bewertete es zurückhaltend. Im Vergleich mit Kran-Anlagen zum Umsetzen von Ladung sei die Halsbrücker Maschine „wichtiger". Mehr als zwanzig Jahre später nahm er die Beschreibung dieser „Einrichtung zum Heben und Herablassen der kleinen Schiffe" in sein grundlegendes „Handbuch der Wasserbaukunst" auf. Noch in der dritten

Kurprinz Mining Canal which linked the main adit of the Churprinz Friedrich August colliery with the ore-processing works in Halsbrücke, near Freiberg. The extension of this artificial waterway made it easier and cheaper to transport ore by boat.

Otfried Wagenbreth has researched and written about this system of water constructions. According to him the extension of the existing artificial waterway system was planned and constructed in several sections. One construction in particular attracted huge attention amongst contemporaries, and was immediately recognized as an extraordinary sight: the Halsbrücke "Barge-Lift House" (sometimes called Rothenfurth Barge-Lift-House). The final extension was intended to contain three such "lifting works".

On the 15th of August 1788 the Saxon Prince commissioned Mende to build the site of the Kurprinz mining canal "along with the neces-

Auflage des Buchs (1874), als die Maschine schon lange außer Betrieb war, erschien die Beschreibung in gestraffter, doch im Wesentlichen unveränderter Form: „Der Ober-Canal war bis über den untern zwischen Mauern herübergeführt und am Ende durch einen wasserdichten Fangedamm abgeschlossen. Diese Mauern setzten sich in gleicher Höhe noch so weit über den Unter-Canal fort, daß die zu hebenden Böte [= Boote; E. Sch.] auch hier zwischen ihnen sich befanden. Auf den Mauern ruhte eine leichte Bedachung, sowie auch eine Holzbahn, die nach älterer Art mit hölzernen Zähnen versehn war, indem man die Reibung glatter Räder zur sichern Bewegung der Wagen nicht für genügend erachtete.

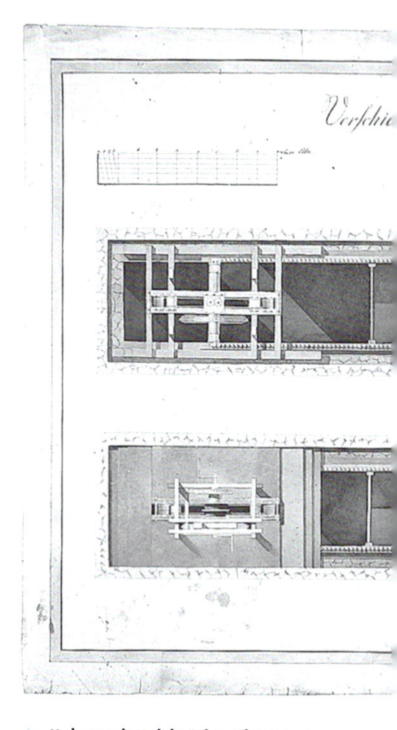

Hebewerk Halsbrücke: Pläne von E. F. Koch (1806)
Plans of the Halsbrücke barge lift by E.F. Koch

Das "Hebehaus bei Freiberg" (1850)
The barge lift close to Freiberg

Auf der Bahn stand der Wagen mit der Winde. Ein Getriebe, das durch eine Kurbel von zwei oder vier Mann in Bewegung gesetzt wurde, griff in die Zahnräder zweier Trommeln von gleichem Durchmesser, die also übereinstimmend sich drehten. Die herabhängenden Taue waren durch Flaschenzüge von je vier Scheiben geschoren, und von den untern Blöcken gingen je zwei Ketten aus, die man in vier am Bord jedes Schiffes befindliche Ringe einhakte. Mittelst dieser Verrichtungen wurde das Fahrzeug so hoch gehoben, daß es über den Fangedamm fortgeschoben werden konnte. Alsdann stellte man die Winde fest und setzte durch eine zweite Kurbel mittelst eines Vorgeleges eine Achse des Wagens,

sary locks and the lifting works". It was completed in October 1789. At the end of 1791 the brickwork for the second lift, the Christbescherung lift house, was completed, but its machinery was probably never built. The lift at Kleinvoigtsberg never passed the planning stage.

The barge-lift house has a prehistory, which has only come down to us in fragments. J.F. Mende had already developed a machine for raising and sinking ships.

Somewhere around the end of 1787 and the beginning of 1788, Mende presented a large model of

Daten und Fakten/*Data and facts*

Trocken-Hebewerk Halsbrücke (auch: Rothenfurth) bei Freiberg, Sachsen; zwischen Kurprinzer Bergwerks-Kanal und dem Fluss Freiberger Mulde
The Halsbrücke Dry Barge Lift (also: Rothenfurth); near Freiberg, Saxony, between the Kurprinz Colliery Canal and the Freiberger Mulde

Entwurf/*Design*:	J.F. Mende
Typ/*Type*:	Kran-Brücke/*Crane Bridge*
Hub-Höhe/*Lifting height*:	ca. 6,8–8 m
Schiffsgröße/*Barge size*:	8,5 m Länge/*Length* 1,6 m Breite/*Width* 2,5 m Tiefgang/*Depth*
Bewegtes Gesamtgewicht/*Total moving weight*:	bis 4 t, davon 2,5–3 t für einen beladenen Kahn und etwa 1 t für die zu bewegende Hebekonstruktion *up to 4 tonnes, of which 2.5 to 3 tonnes for a loaded barge and around one ton for the movable lift construction*

his water construction work on the River Unstut to the Royal Saxon Mining Office in Eisleben. (See page 25) The engine was intended to raise "2,000 to 2,500 kg load-bearing vehicles over weirs, or from deeper to higher points".

***20th June 1788:** Mende provides a further report on making the rivers Unstrut, Saale, Parthe and Mulde navigable to the Elbe.*

***21st June 1788:** Mende is summoned "to appear in Dresden at the castle, in order to show the engine used in Eisleben to the Prince. This took place and on the very same day. Mende is instructed to ensure that next to no information about the navigation idea should be leaked for the time being".*

An engine for raising ships was not built on the River Unstrut. Stone sluices were built instead. We do not know the reasons for this. Only the model has survived. It might be that

woran sich die mit Zähnen versehenen Räder befanden, in Bewegung, bis er über dem Unter-Canal stand, und nun wurde mittelst Bremsen das Fahrzeug herabgelassen." (Gotthilf Hagen)

Gleichzeitigkeit des Ungleichzeitigen: Als diese Beschreibung erschien, waren die hydraulischen Hebe-Anlagen von Goole/England erfolgreich in Betrieb. Das hydraulische Schiffshebewerk Anderton, ebenfalls in England, stand kurz vor der Fertigstellung. Neue Kapitel im Buch der Schiffshebewerke waren breits aufgeschlagen worden.

Schmuckloser Zweckbau – die Architektur

Das Kahn-Hebehaus ist ein reiner Zweckbau. Die Seitenwände wurden als massives Bruchstein-Mauerwerk ausgeführt. Das Dach schützte die hölzerne Maschinerie gegen Verwitterung. Die Dachgauben beförderten die Durchlüftung. Architektur-Schmuck gab es nicht.

Das Schiffshebewerk heute

Das übrig gebliebene Bruchstein-Mauerwerk steht unter Denkmalschutz. Nur mit Hilfe der alten Pläne und mit der Rekonstruktions-Arbeit der Forschung kann man sich heute ein Bild von der Anlage und vom Betrieb machen. Direkte Nachfolger, die auf dieses Vorbild zurück gehen, gibt es in Deutschland nicht. In dem Prinzip Trocken-Hebewerk – kleinere Schiffe werden senkrecht aus dem Wasser gehoben und horizontal über ein Hindernis hinweg befördert – fand das Kahn-Hebehaus jedoch viele Nachfolger: in den Niederlanden, in Deutschland, in Frankreich, in China und im weiteren Sinn heutzutage in ungezählten Sportboot-Häfen der Welt. Eine zentrale Voraussetzung dafür war die Ablösung der Handarbeit durch kleine leistungsstarke Motoren.

other experts had their doubts about technical details like the static of the timber frame; the building costs were possibly too high.

How it worked – technical details

In 1823 Gotthilf Hagen, one of the most famous experts for water construction in the 19th century, visited the Halsbrücke barge lift house. His judgement was very reserved. The engine at Halsbrücke, when compared to cranes for loading and unloading ships, was "more important". More than 20 years later he put down a written description of the "equipment for raising and lowering small ships" in his basic "Handbook on the Art of Water Construction". Even the third edition of the book (1874), contained a description of the engine, in a briefer albeit basically unchanged form, even though it had long since ceased operations. "The upper reach of the canal was led between two walls and enclosed at the end by a watertight cofferdam. The walls continued at the same height so far above the lower reach of the canal that the boats which had to be raised could also be contained here. The walls

were covered in a light roofing and a wooden track fitted with wooden teeth in an old-fashioned manner, because the friction of smooth wheels was not considered sufficient to ensure the secure movement of the wagon. The wagon stood on the track with a winch. A gear system which was set in motion by means of a crank operated by two or four men, hooked into the teeth of two drums of the same diameter which proceeded to turn in harmony. The hanging cables were led through a pulley block each containing four pulleys. Two chains protruded from each of the lower blocks. These were hooked into four rings on board the vessel. By means of this equipment the vessel was raised to such a height that it could be pushed above the cofferdam. Only then did the men secure the winch and, using a second crank with the help of a transmission gear, set in motion a wagon axle with cogged wheels, until it stood above the lower reach of the canal. And now the vessel was lowered with the use of brakes." (Gotthilf Hagen)

At the time this description appeared the hydraulic lift in Goole had been put successfully into operation. The Anderton hydraulic ship lift, also in England, was on the point of completion. A new era of ship lifts had already begun.

Unadorned and functional – the architecture

The barge lift house was a purely functional building. The side walls were built of massive quarry stone. The roof protected the wooden machinery against the vagaries of the weather. The dormers were built for ventilation purposes. The building was completely unadorned.

The ship lift today

The remains of the quarry stone walls have now been put under a protection order. It is only put aboard to get an idea of the equipment and how it operated from old plans and with the help of scholars' reconstruction work. In Germany there were no direct successors modelled on this pattern. However the principle of a dry ship lift, where smaller boats would be lifted horizontally out of the water over a hurdle, had many successors in the Netherlands, in Germany, France, China, and nowadays in countless yachting marinas all over the world. The main precondition for this was the replacement of manual work by small powerful motors.

◀ **Unvollendet: das Kahn-Hebehaus Großvoigtsberg**
Unfinished: the Großvoigtsberg barge lift

◀◀ **Das technische Denkmal Kahn-Hebehaus Halsbrücke (2000)**
The Halsbrücke barge lift now a technical monument

1899–1970
Altes Schiffshebewerk Henrichenburg in Waltrop

The Old Henrichenburg Ship Lift in Waltrop

Stichworte zur Geschichte

Kaiser-Besuch am 11. August 1899: „Das Hebewerk in Henrichenburg (...) erregte die volle Bewunderung des Kaisers (...). Bewunderung erregte die außerordentliche Sachkenntnis des Kaisers bei den führenden Ingenieuren, der sich namentlich eingehend erkundigte, warum man elektrischen und nicht hydraulischen Antrieb genommen habe. (...) Der Aufenthalt des Kaisers dauerte von 7.15 Uhr bis 8 Uhr. (...). Den ganzen Tag über herrschte hier der lebhafteste Verkehr." (Erinnerungsblätter 1899)

Mit dem Entschluss zum Bau des neuartigen Schiffshebewerks hatte das junge Preußen ein weithin sichtbares Zeichen gesetzt. Die Eisenbahn hatte den Massengut-Transport zu und von den Seehäfen nur mit großen Schwierigkeiten bewältigen können. Um den Aufschwung der Montan-Industrie im Ruhrgebiet zu unterstützen, sollte ein zweites leistungsstarkes Transport-System aufgebaut werden: eine inländische Binnenschifffahrt. Ein Mittellandkanal sollte Oder, Elbe, Weser, Ems und Rhein verbinden. Dabei trafen viele gegensätzliche Interessen

11. August 1899: Wilhelm II., deutscher Kaiser und König von Preußen, bei der feierlichen Inbetriebnahme des Schiffshebewerks Henrichenburg
August 11th, 1899: Wilhelm II., German Emperor and King of Prussia, attends the opening ceremony at the Henrichenburg ship lift

Luftbild mit Hebewerk um 1920; am oberen Bildrand: die Schacht-Schleuse (1914)
Aerial view of the lift around 1920; in the upper part: the shaft lock with sideponds (1914)

aufeinander. Die ostelbischen Junker als die konservativen Vertreter der Landwirtschaft lehnten die Pläne genauso ab wie die Vertreter der Schwerindustrien im Saarland und in Schlesien. Um den Widerständen aus dem Weg zu gehen, konzentrierte sich die preußische Regierung

Brief history

The Kaiser's visit on 11. August 1899: „The ship lift in Henrichenburg (...) aroused the complete admiration of the Kaiser (...). The chief engineers were amazed at the extraordinary knowledge shown by the Kaiser, who immediately wanted to know why an electric and not a hydraulic drive had been chosen. (...) The Kaiser's visit lasted from 7.15 until 8 o'clock. (...) There has been a huge amount of traffic here during the whole day."

By deciding to construct a new type of ship lift, the burgeoning state of Prussia intended to send out an unmistakeable message. The railways seemed no longer able to deal with the huge amount of goods which had to be transported to and from seaports, and in order

auf die Verwirklichung eines ersten Teilstücks, auf den Bau des Dortmund-Ems-Kanals: Kohle Kurs Emden, Erz für die Montan-Region Dortmund. Auch die von Fachleuten als zu eng kritisierte Begrenzung der Schiffs-Größen (67 m Länge, 8,20 m Breite, 2 m Tiefgang) war ein Zugeständnis an die Gegner der Pläne.

Der preußische König Wilhelm II. nutzte die Feierlichkeiten zur Inbetriebnahme des Dortmund-Ems-Kanals am 11. August 1899 zu einer demonstrativen Erklärung an die Adresse der Kanal-Gegner: „Der Kanal kann nur voll wirken in Verbindung mit dem Mittellandkanal, den in Angriff zu nehmen meine Regierung unerschütterlich entschlossen ist. (Bravo)". Der Kampf um den Bau des Mittellandkanals ging weiter. (Siehe dazu auch das Kapitel über das Schiffshebewerk Rothensee.)

to support the immense growth in the coal and steel industries in the Ruhrgebiet it was necessary to build another powerful system of transport along the inland waterways. A central west-to-east canal (the so-called Mittelland Canal) was necessary to link the Oder, Elbe, Weser, Ems and Rhine. This decision sparked off many conflicting interests. The Junkers east of the River Elbe, who were conservative representatives of agriculture, rejected the plans out of hand, as did the representatives of heavy industry in the Saarland region and in Silesia. In order to circumvent this resistance, the Prussian government concentrated on implementing the first part of the plan, the construction of the Dormund-Ems Canal, in order to send coal from the Ruhrgebiet to Emden and bring ore to the industrial region around Dortmund. Although many critics had complained that the ship lift was too small (67 m long, 8,20 m wide, 2 m deep), and the experts were in agreement, no changes were made to the plans for political reasons.

The Kaiser and Prussian King, Wilhelm II., used his speech at the official opening of the Dortmund-Ems-Canal on 11. August 1899 to address the opponents of the canal in no uncertain mannor. "The canal can only really be effective when it is linked to the Mittelland Canal project. My government is fully determined to undertake such an enterprise (Bravo)." The disputes on the Mittelland Canal continued.

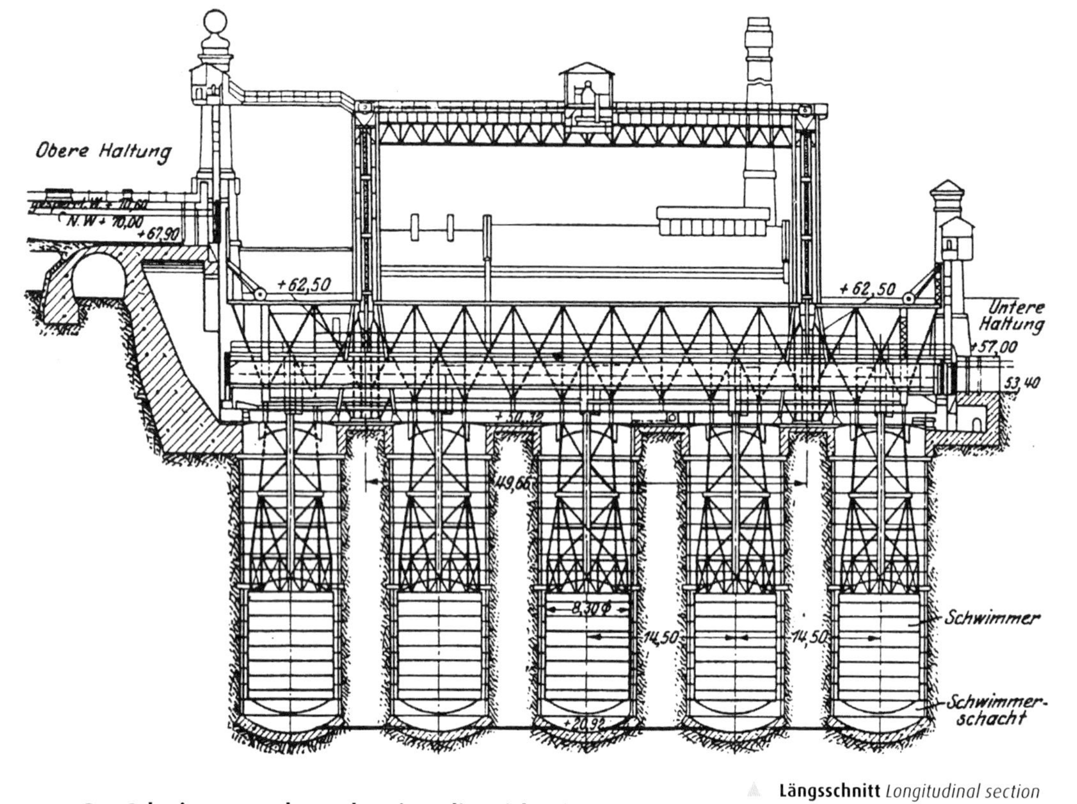

Längsschnitt *Longitudinal section*

Das Schwimmer-Hebewerk – einmalig, nicht einzigartig

Mit Hilfe des Schiffshebewerks Henrichenburg sollten Schiffe eine Geländestufe mit 14 m Höhen-Unterschied überwinden. Wirtschaftliche und betriebstechnische Überlegungen hatten zu dieser Lösung geführt. Sie war kostengünstiger als die zunächst vorgesehene Schleusentreppe mit zwei oder drei Schleusen.

Das Schiffshebewerk Henrichenburg war eine technische Neuheit. Es war das erste ausgeführte Mehrschwimmer-Hebewerk. Das zu bewegende Gesamtgewicht betrug etwa 310 t. Schiffe bis zu 750 t Ladefähigkeit konnten gehoben werden. Die Senkrecht-Hebewerke in England, Frankreich und Belgien aus der zweiten Hälfte des 19. Jahrhunderts nahmen „nur" Schiffe bis zu 400 t auf; sie arbeiteten auf der Grundlage hydraulischer Prinzipien als Presskolben-Hebewerke. Neu beim Schiffshebewerk Henrichenburg war die Geradführung des Trogs mit vier Schraubenspindeln (Patent von F. Jebens). Die technische Nutzung des Auftriebs dagegen war seit der Antike bekannt (Archimedisches Prinzip).

Das Schiffshebewerk Henrichenburg war auch nicht das erste Schwimmer-Hebewerk der Welt. Versuchs-Anlagen in der Form eines Ein-Schwimmer-Hebewerks von Rowland/Pickering und in Form einer Tauchschleuse von Robert Weldon für ein Kanal-System mit kleinen Schiffen wurden Ende des 18. Jahrhunderts in England verwirklicht. Ein Einschwimmer-Hebewerk nach englischem Vorbild baute Charles Fau-

A ship lift with floats – individual, but not unique

The Henrichenburg ship lift was intended to take ships up and down a distance of 14 metres. The decision to build a ship lift was based on economic and technical considerations. It was not as expensive as a sequence of two or three locks which had first been foreseen

The Henrichenburg ship lift was a technical novelty. It was the first operational ship lift with more than one float. It could raise and lower ships to a maximum weight of around 3,100 tonnes with loads of up to 750 tonnes. The vertical ship lifts in England, France and Belgium which were built in the second half of the 19th century could "only" take ships of up to 400 tons. Here, the ship lifts worked on hydraulic principles with plungers. The ship lift in Henrichenburg was revolutionary because

rey 1806 am Canal du Creusot, einem Stichkanal zum Canal du Centre in Frankreich. Weiterentwicklungen ohne eine Ausführung stammten von Simpson (Gb), Seyrig (F), Jebens (Preußen), Petri/Grusonwerk (Preußen) und Prüßmann/Gutehoffnungshütte (Preußen). Um 1900, nach der erfolgreichen Inbetriebnahme des Schiffshebewerks Henrichenburg, erreichte die internationale Diskussion der Ingenieure über die beste Art der Schiffs-Hebung mit Hilfe eines Senkrecht-Hebewerks oder einer geneigten Ebene einen Höhepunkt.

Wie es funktioniert – Stichworte zur Technik

Der Ehrgeiz, das erste Schiffshebewerk für große Binnenschiffe zu bauen, beflügelte viele Ingenieure. Deshalb bemühte sich das Ministerium für öffentliche Arbeiten zunächst sogar um einen eigenen Entwurf und machte mit dem Prestige-Objekt Werbung im In- und Ausland. Erst Kritik und Proteste derjenigen, die dabei ausgeschlossen waren, führten zu einer Beteiligung der Privatwirtschaft. Das Ministerium musste einen beschränkten Wettbewerb ausschreiben. Daran beteiligten sich fünf größere Maschinenfabriken und Schiffswerften mit zehn verschiedenen Entwürfen zu Senkrecht-Hebewerken und geneigten Ebenen. Gewinner war das Unternehmen Haniel&Lueg. Im Frühjahr 1894 erteilte ihm das Ministerium der öffentlichen Arbeiten den Auftrag zum Bau eines Schiffshebewerks.

Den Grundgedanken für dieses Hebewerk auf Schwimmern erläuterte der Oberingenieur Gerdau anschaulich und auf Verständlichkeit bedacht: „Dieses Gewicht [des Troges samt Inhalt; E. Sch.] 16[!] Meter hoch zu heben, würde natürlich eine gewaltige Kraft erfordern. Um dies zu vermeiden, muß eine Kraft gesucht werden, die dieses Gewicht stets ohne weitere Kraftäußerung nach oben treibt. Man könnte sich ja eine ganze Reihe von Ballons an dem Schiffstroge befestigt denken, die das Gewicht des Troges aufheben und ihn schwebend erhalten; das ist natürlich practisch nicht auszuführen. Es wird aber dasselbe erreicht, wenn man sich eine Reihe großer eiserner Ballons oder Schwimmer vollständig unter Wasser befindlich denkt, die oben starke Ständer tragen, worauf der Schiffstrog ruht. Der Auftrieb dieser Schwimmer hebt das Gewicht des Troges vollständig auf; und der Trog kann nun leicht auf- und abbewegt werden." (Gerdau, in: Recklinghäuser Zeitung, 11. 6. 1898)

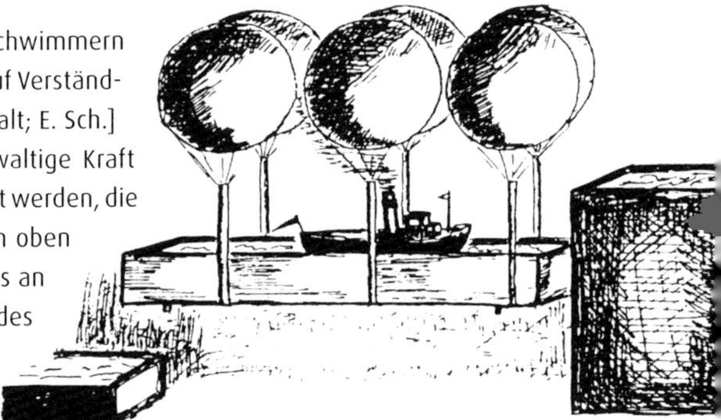

Bei diesem Schwimmer-Hebewerk ruht der Schiffs-Trog auf fünf luftgefüllten Tauchkörpern (Schwimmern), die sich in fünf wassergefüllte Brunnen eintauchen. Das nach unten drückende Gewicht von gefülltem Trog, Trogstützen und Schwimmern befindet sich im Gleichgewicht mit dem nach oben wirkenden Auftrieb. Die Kraft des Auftriebs ergibt sich aus dem Volumen der luftgefüllten Schwimmer. Schon eine

it used spindles to ensure that the trough was kept level whilst it was in motion (the patents was registered by F. Jebens). By contrast the lift operation itself, using the buoyancy principle to counterbalance heavy weight, had been known since ancient times (Archimedes' principle).

Nor was the Henrichenburg ship lift the first lift in the world to use floats. At the end of the 18th century experimental lifts for a canal system in England with small vessels had been built in the form of a single-float lift by Rowland and Pickering, and a diving lock by Robert Weldon. In 1806 a single-float ship lift based on the English model was built by Charles Faurey on the Canal du Creusot, which fed into the Canal du Centre in France. Other improvements were put forward by Simpson (GB), Seyrig (F), Jebens (Prussia), Petri/ Grusonwerk (Prussia) and Prüßmann/Gutehoffnungshütte (Prussia), but none of them were built. After the successful launch of the Henrichenburg Ship Lift international debates amongst engineers reached a peak around 1900, with discussions as to whether it was better to lift ships by means of a vertical ship lift or an inclined plane.

How it worked – technical details

The idea of building the first ever ship lift for large inland waterway vessels inspired the imagination of

Im Bau: die fünf Schwimmer-Schächte
Under construction: the five shafts for the float

Im Bau: ein Schwimmer
Under construction: the float

Im Bau: der Schiffs-Trog
Under construction: the caisson for the barges

many engineers. For this reason the Ministry of Public Works made great efforts to produce its own design, and publicised its prestigious object at home and abroad. It was only when these were met with a wave of criticism and protests by those who felt excluded from the process, that the ministry decided to join forces with private enterprise by announcing a restricted competition for the best design. Five major machine factories and shipyards produced 10 different designs featuring vertical ship lifts and inclined planes. The winning design was put forward by a firm named Haniel & Lueg. In spring 1894 it was commissioned by the Ministry of Public Works to construct the ship lift.

The basic ideas behind a ship lift with floats were explained by the chief engineer, Herr Gerdau in a vivid and understandable way: "It goes without saying that an immense amount of power is necessary to lift the weight [of the trough with its contents; E. Sch.] a distance of 16 [!] metres. In order to render this unnecessary we must find a means of power to lift such a weight without excessive strain. It is possible to conceive of a huge range of balloons attached to the trough, which would lift the weight of the trough and hold it floating in the air. In practice however, this is of course impossible. We can achieve the same aim, however, by anchoring a row of larger

Das Hebewerk im Bau
The Henrichenburg lift under construction

Das Maschinenhaus mit zwei Pumpen und zwei Dampfmaschinen (Foto 1899)
The engine house with two pumps and two steam engines

geringe Erhöhung oder Reduzierung der Wasser-Menge im Trog führt zur Abwärts- oder Aufwärtsbewegung des Trogs. Vier über einen zentralen Elektromotor angetriebene Führungsspindeln von 24,60 m Länge regulieren die Hebe- und Senkvorgänge und sichern eine stets waagerechte Lage des Schiffs-Trogs.

Bis auf kleinere technische Störungen hat das Hebewerk alle Erwartungen erfüllt. Darüber hinaus war es ein Knotenpunkt für die Organisation des Schifffahrts- und Wasserstraßen-Betriebs. Nach der Fertigstellung des Hebewerks wurde auf der Südseite des Kanals eine kleine Siedlung für die Bediensteten des Hebewerks errichtet, davon abgesetzt auf der Nordseite ein Haus für den Dienststellen-Leiter. An Ort und Stelle entwickelte sich ein reger Baustellen- und Betriebs-Tourismus.

balloons or floats to the trough completely underwater; powerful supports would be attached on top of the floats, and the trough would be placed on top of these. The lifting force provided by the floats will be sufficient to raise the weight of the trough completely, and the trough can now be raised and lowered with ease."

The Henrichenburg ship lift comprises five floats filled with air, each of which is immersed in a basin full of water. On top of these is placed the trough which will hold the ship. The total weight of the filled trough, the trough supports and the floats is counterbalanced by the lifting force beneath, which is provided by the volumes of air in the floats. It only needs a very small increase or reduction in the amount of water in the trough to set the lift in motion, either upwards or downwards. Four spindles, each 24.60 m in length

„Urkunde in Stein" – Architektur mit Botschaft

Die Aufgabe, Schiffe zu heben, hatten die Ingenieure mit den Mitteln des modernen Stahlgerüst- und Maschinenbaus gelöst. Prägend für das „Fernbild" des Hebewerks war jedoch die Stein-Architektur. Der Oberbaudirektor Carl Hinckeldey im Berliner Ministerium der öffentlichen Arbeiten hatte sie entworfen. Unter konstruktiven Gesichtspunkten war sie nicht notwendig. Sie verkleidete einen Teil der Technik. Doch mit der

Architektur formulierte der Bauherr eine Botschaft an das Volk. Fortschritt bestimmt den Gang der Geschichte. Ihr Repräsentant ist Preußen.

Das Staats-Wappen auf der Schauseite des Oberhaupts zeigt den preußischen Adler mit den Staats-Insignien Krone, Zepter, Reichsapfel und mit den verschlungenen Buchstaben F[ridericus] und R[ex] für Friedrich I., den ersten König von Preußen. Die Wappen der Provinz Westfalen auf der Südseite und der Provinz Hannover auf der Nordseite bezeichnen die beiden Provinzen Preußens, die der Dortmund-Ems-Kanal durchzieht. Die Elemente des Kunstwappens auf dem Torleitstand des Unterhaupts erinnern an alte und neue Wirtschaftsblüte zu Zeiten der Hanse und in der preußischen Gegenwart. Dass dem gesamten Mittellandkanal-Projekt gutes Gelingen – Fortuna – beschieden sei, legt das zinnenbekrönte Frauengesicht nahe.

Mit diesen Botschaften wurden die Schiffer am Schiffshebewerk Henrichenburg begrüßt und verabschiedet. Abbildungen und Postkarten trugen sie in die weite Welt.

and driven by a central electric motor regulate the raising and lowering processes and ensure that the trough remains level at all times.

Apart from a few minor technical problems, the ship lift fulfilled everything that was expected of it. In addition, it turned out to be an interface for the organisation of traffic on the canals and the waterways themselves. After it was completed, a small housing estate was built on the south side of the canal for the staff of the ship lift, and a house for the manager was built some distance away to the north. Even before completion, the ship lift immediately stimulated further building activities and became a popular attraction for day-trippers.

"A document in stone" – Architecture with a message

Engineers had solved the problem of raising ships by using up-to-date engineering techniques and an iron framework. But the lasting impression left in the minds of visitors was the stone architecture, designed by one of the leading members of the Berlin Ministry of Public Works, Carl Hinckeldeyn. As far as the technical construction was concerned, it was not necessary, for it simply housed a part of the machinery. But the real point of the architecture was to send the message out to the people that progress determines the course of history: and its representative is Prussia.

The State coat-of-arms on the openly visible side of the upper lift gate displays the Prussian eagle with the state insignia, the crown, sceptre, orb, and the intertwined letters F[ridericus] and R[Rex] for Friedrich I, the first King of Prussia. The coat-of-arms of the province of Westphalia on the south side, and the province of Hannover on the north side symbolise the two Prussian provinces traversed by the Dortmund-

Vom Industrie-Denkmal zum Museum

Mit dem Ausbau des Dortmund-Ems-Kanals für größere Schiffe wurde das alte Schiffshebewerk, später auch die benachbarte Schachtschleuse zu klein. Nach der erfolgreichen Inbetriebnahme des neuen Schiffshebewerks Henrichenburg im Jahr 1962 verfiel das alte Hebewerk. Der Abriss wurde vorbereitet. Die betriebstechnischen Einrichtungen wurden demontiert, verschrottet oder geplündert. Eine lokale Bürger-Initiative leitete das Umdenken ein und die Bundeswasserstraßen-Verwaltung verzichtete auf den Abriss.

Aufbauend auf dem Konzept der Denkmalpflege für eine Erhaltung an Ort und Stelle beschloss der Landschaftsverband Westfalen-Lippe in Abstimmung mit dem Land Nordrhein-Westfalen 1979 den Aufbau eines dezentralen Westfälischen Industriemuseums. Nach aufwändiger Restaurierung und Rekonstruktion ohne die Wiederherstellung der ursprünglichen Funktion ist das alte Schiffshebewerk Henrichenburg in Waltrop seit 1992 ein vielbesuchtes und beliebtes Museum für die Geschichte des westdeutschen Kanalnetzes und seiner Schifffahrt, 1995 international ausgezeichnet mit einer besonderen Empfehlung im europäischen Wettbewerb „Museum of the Year Award". Inzwischen umfasst das Museum auch einen Museums-Hafen, eine Werft, einen Hafen- und Umschlag-Platz und eine einzigartige Sammlung originaler historischer Schiffe.

Schiffs-Stau vor dem Hebewerk (Postkarte um 1925)
Boats queuing in front of the lift

Sprechende Architektur: stolze Begrüßung und Verabschiedung für die Binnenschifffahrt
Expressive architecture: A proud greeting and farewell to mariners

Ems Canal. The elements of the artistic coat-of-arms on the front wall of the engine room in the lower part of the lift recall the flourishing periods of the economy during the Hanseatic trading period and in contemporary Prussia. The crenellated crown on the woman's face – Fortuna – indicates the desire that the whole of the Mittelland Canal project should be blessed with success.

This was the message conveyed to mariners arriving and leaving the Henrichenburg ship lift, and it was carried by illustrations and postcards all over the world.

▲ **Das restaurierte technische Denkmal: heute ein lebendiges Museum**
The heritage monument: now restored to a living museum

Mit der Erhaltung des Hebewerks und dem Ausbau zu einem Museum leisteten der Bund und das Land Nordrhein-Westfalen, die Stadt Waltrop und der Landschaftsverband Westfalen-Lippe einen wichtigen Beitrag dazu, dass die Kultur-Landschaft der westdeutschen Wasserstraßen und ihrer Schifffahrt neben einem charakteristischen Wahrzeichen auch ihr Gedächtnis behielt. Bürgeschaftliches Engagement stand am Anfang dieser Erfolgsgeschichte.

From an industrial monument to a museum

When the Dortmund-Ems Canal was extended to accommodate larger ships the old ship lift, and later the neighbouring sluice, became too small. After the New Henrichenburg ship lift was taken into operation in 1962 the old ship lift fell into dilapidation and preparations were made to demolish it. The technical equipment was taken apart, sent for scrap or simply plundered. A local grassroots initiative paved the way for reconsiderations, and the national Inland Waterways Authority opted to retain the monument.

Based on the concept of conserving monuments on their original sites, the regional authority (the Landschaftsverband Westfalen-Lippe), with the approval of the state of North Rhine Westphalia, decided

Daten und Fakten/*Data and facts*

Lage/*Site*: In Waltrop-Oberwiese, westlich von Dortmund, im östlichen Zentrum des rheinisch-westfälischen Industriegebiets (Ruhrgebiet)
In the village of Waltrop, north-west of Dortmund, in the centre of the Ruhrgebiet

Typ/*Type*: Senkrecht-Hebewerk mit Gewichts-Ausgleich durch fünf Schwimmer
Vertical ship lift with a counterweight provided by five floats

Hub-Höhe/*Lifting height*: 14 m; 13,50 m
(nach Erhöhung des unteren Kanal-Wasserspiegels/*since the water level on the lower reach is higher*)

Trog-Abmessungen/*Trough dimensions*: 70 m Länge/*Length*
8,80 m Breite/*Width*
2,50 m Tiefgang/*Depth*

Nutzfläche/*Useable area*: *68 m x 8,50 m*

Bewegtes Gesamtgewicht/*Total moving weight*: zusammengesetzt aus 1400 t Eigengewicht des Troges mit Stützen und Schwimmern und 1.650 t Wassergewicht im Trog
1,400 tonnes (the trough, its supports and floats) and a further 1,650 tonnes of water in the trough

Energie: Die Stromversorgung des zentralen Spindelantriebs (150 PS) und der Motoren für die gekuppelten Trog- und Haltungstore an der oberen und der unteren Kanalhaltung (je 90 PS) sowie der vier Spills erfolgte über eine 220 PS Dampfdynamomaschine im neben dem Hebewerk stehenden Maschinenhaus.
Eine weitere Dampfmaschine mit Dynamo betrieb die beiden Kreiselpumpen für die Wasserhaltung im Kanal zwischen Hebewerk und Dortmunder Hafen. Der Dampf wurde mittels dreier Wasserrohrkessel von je 100 m² Heizfläche erzeugt.

Power: *A 220 horsepower steam driven dynamo engine in the engine house next to the ship lift supplied electricity to the central spindle drive (150 hp) and the motors for the gates on the lower and upper reaches of the canal (90 hp), as well as to the four capstans. A second steam-powered dynamo drove the two rotating pumps for maintaining water levels in the canal between the ship lift and Dortmund harbour. Steam was produced by means of three water-tube boilers, each with a maximum heating area of 100 m²*

Generalunternehmen/*Construction firm*: Haniel & Lueg, Düsseldorf-Grafenberg

Offizielle Inbetriebnahme/*Official opening date*: 11. August 1899

Adresse/*Adress*: LWL-Industriemuseum
Schiffshebewerk Henrichenburg
Am Hebewerk 2
45731 Waltrop
E-Mail: Schiffshebewerk@lwl.org
www.schiffshebewerk-henrichenburg.de

in 1979 to take over the site as part of the decentralised Westphalian Industrial Museum.

After an extensive period of restoration and reconstruction – it was impossible to restore the original function – the old Henrichenburg Ship Lift opened its doors once again in 1992 as a museum. Since then it has proved an extremely popular museum illustrating the history of the West German canal network and its waterway traffic. In 1995 it received an international award ("highly recommended") in the European competition for the "Museum of the Year".

By preserving the ship lift and opening it as one of the museum sites belonging to the LWL Industrial Museum, the German government, the state of North Rhine Westphalia, the town of Waltrop and the local authority (the Landschaftsverband Westfalen-Lippe) have made an important contribution to retaining the memory of life on the West German inland waterways and its vessels, not to speak of saving a characteristic symbol of waterway traffic from oblivion.

1934
Altes Schiffshebewerk Niederfinow

The Old Niederfinow Ship Lift

Ein Spiegel deutscher Ingenieur-Kunst? – Stichworte zur Geschichte

Zu Ehren der kaiserlich-königlichen Familie aus dem Haus Hohenzollern erhielt die neue Wasserstraße den Namen „Hohenzollernkanal". 1914 wurde sie in Gegenwart Kaiser Wilhelms II. in Betrieb genommen. Der Kanal verbindet die Hauptstadt Berlin mit dem dem Ostsee-Hafen Stettin an der Oder-Mündung [heute: Szczecin/Polen]. Er ist der östliche Teil der großen Wasserstraßen-Verbindung zwischen den Flüssen Rhein, Weser, Elbe, Oder, gebaut auf der Grundlage des umfassenden preußischen Wasserstraßen-Gesetzes vom 1. April 1905.

Zur Überwindung der Geländestufe von 36 m Höhe (abhängig vom Wasserstand bis zu 37,14 m) bei Niederfinow/Eberswalde waren verschiedene Systeme eingehend geprüft worden: Schleusen-Treppe, geneigte Ebene, Senkrecht-Hebewerk für Schiffe von 65 m Länge, 8 m Breite und 1,75 m Tiefgang, mit einer Tragfähigkeit von 650 t. Man entschied sich für den Bau einer Schleusen-Treppe mit vier Sparschleusen.

Vorschlag für ein Hebewerk Niederfinow (Anfang 20. Jahrhundert)
Proposal for a Niederfinow ship lift (beginning of the 20th century)

Postkarte mit der Schleusen-Treppe von Niederfinow (1914) und mit dem Hebewerk (1934)
Postcard with the Niederfinow lock flight and the lift

Parallel dazu sollte später ein Hebewerk entstehen. Zwei Wettbewerbe (1906 und 1912) wurden ausgeschrieben. Viele innovative Vorschläge für Hebewerke wurden eingereicht, darunter ein Trommel- oder Rotations-Hebewerk. Für diesen Typ sollte es einen spektakulären Nach-

fahren geben: Das Schiffshebewerk Falkirk aus dem Jahr 2002 in Schottland, kurz und knapp genannt „The Wheel" (Siehe Abb. S. 43 und 53).

Die Arbeiten für das Schiffshebewerk Niederfinow dauerten nahezu dreißig Jahre. Entscheidende Gründe dafür waren die Unterbrechung durch den Ersten Weltkrieg und der von vielen Widersprüchen geprägte Zeitgeist der Weimarer Republik nach dem Ende der Monarchie 1918; auch die Ingenieure blieben davon nicht unberührt.

Anfang der 1920er Jahre griff die Reichswasserstraßen-Verwaltung die Planungen für den Hebewerks-Bau wieder auf, überprüfte sie und verwarf alle Entwürfe. Das Reichsverkehrsministerium und das Neubauamt Eberswalde entwickelten einen eigenen Entwurf und setzten ihn gegen teilweise erhebliche Kritik durch. Erst 1927 wurde der freien Wirtschaft „anheimgestellt", innerhalb von vier Monaten eigene Hebewerks-Entwürfe einzureichen. Zu dieser Zeit hatten die Ingenieure der Verwaltung bereits mehrere Jahre an „dem großen Problem von Niederfinow" gearbeitet und investiert.

Ein ungleicher Wettbewerb. Der staatliche Planungs-Vorsprung war uneinholbar. Bereits zwischen 1924 und 1926 war von den Ardelt-Werken in Eberswalde ein Modell im Maßstab 1:5 „in engstem Zusammenhange mit dem Neubauamt (...) in Eberswalde" bereitgestellt worden. Zur Erforschung der Belastungen von Seilen und Seilscheiben-Lagern hatte das staatliche Materialprüfungsamt in Berlin-Dahlem eigens einen 23,50 m hohen Versuchsturm errichten lassen. Bei allen aufwändigen Studien und Vorarbeiten habe die Planungs-Behörde ihren „Weg von außen unbehelligt in aller Ruhe gehen können".

Professor Dr. Ing. O. Krell brachte es auf den Punkt: „Das Bauwerk wird infolge der hier vorliegenden außergewöhnlichen technischen Aufgabe die Augen der ganzen technischen Welt auf sich ziehen, und niemand

Brief history – a mirror of German engineering art?

In 1914 a new canal was opened in the presence of Kaiser Wilhelm II. It was given the name of the Hohenzollern Canal in honour of the royal house of Hohenzollern. The canal linked the German capital of Berlin with the Baltic seaport of Stettin – now Szczecin in Poland – at the mouth of the River Oder. It was the eastern section of the major waterway link between the rivers Rhine, Weser, Elbe and Oder, and was constructed to conform with a comprehensive Prussian waterway law passed on 1st April 1905.

In order to transport boats over the 36 metre elevation (depending on water levels this could rise to 37.14 m) near Niederfinow/Eberswalde, several different systems were considered in detail: a lock-flight, an inclined plane, and a vertical ship lift catering for ships of 65 m in length, 8 m in width and 1.75 m in depth, with a maximum load of 650 tons. In the end it was decided to build a flight of four locks with side ponds.

Parallel to this, plans were announced to build a ship lift at a later date. Two competitions, in 1906 and 1912, were also announced. Many innovative proposals for ship lifts were entered, including one for a drum or rotary ship lift, which was later to be implemented in spectacular fashion in the shape of the Falkirk ship lift in Scotland, known as „The Wheel". (See pages 41 and 51.)

Because of a break during the First World War and the problems inherent in the Weimar Republic after the abolition of the monarchy in 1918, work on the ship lift at Niederfinow lasted for almost 30 years. These problems also affected engineers.

At the start of the 1920s the Reich Ministry of Transport took up the plans to build the ship lift once more. After lengthy consideration all the existing plans were discarded

wird verhindern können, daß es als Ausdruck des derzeitigen Standes der gesamten deutschen Ingenieurkunst angesprochen wird. Eine derartige repräsentative Stellung kommt ihm aber gar nicht zu, nachdem es unterlassen worden ist, in einem neuen regelrechten Wettbewerb noch einmal alle deutschen Ingenieure aufzurufen. (...) Und so muß ich als deutscher Ingenieur bestreiten, daß in dem besprochenen Entwurf für das Schiffshebewerk Niederfinow sich das derzeitige Können der deutschen Ingenieure verkörpere." (O. Krell: Seilaufzug für ein Schiffshebewerk, in: Die Bautechnik 1927, S. 708 und 638)

Im Frühjahr 1928 wurden die Aufträge an eine große Zahl von Industrie-Unternehmen vergeben. Viele von ihnen waren bei den früheren Wettbewerben zu Schiffshebewerken mit eigenen Entwürfen hervorgetreten.

Am 21. März 1934 wurde das Schiffshebewerk Niederfinow dem Verkehr übergeben. Um die Kanalstufe zu überwinden, brauchten Schiffe

and the Reich Ministry of Transport and the Eberswalde Office for New Buildings developed their own design, which they pushed through despite considerable criticism. It was only in 1927 that private entrepreneurs were invited to put forward their own designs for a ship lift, but plans had to be submitted within a time limit of four months. By this time the engineers in the administration department had already been hard at work for several years solving "the huge problem of Niederfinow".

It was an uneven competition, for the state planning office had an unbeatable lead. Between 1924 and 1926 a model to the scale of 1:5 had been developed by the Ardelt works in Eberswalde "in the closest cooperation with the Office for New Buildings (...) in Eberswalde". In order to study the stresses on cables and sheaves the State Material Testing Office in Berlin had built its very own 23.5 m test tower, by means of which

Hebewerk Niederfinow (1935)
The Niederfinow lift

Längsschnitt
Longitudinal section

Querschnitt, Antriebs- und Sicherheits-Schema (Patent Loebell)
Cross section, drive and safety system (Loebell patent)

nicht mehr zwei Stunden wie auf dem Weg über die vierstufige Schleusen-Treppen, sondern nur noch zwanzig Minuten.

Den Zweiten Weltkrieg überstand das Hebewerk ohne Schaden. Sperrballons und ein Nebeltrupp, der das Hebewerk bei Gefahr einnebelte, sollten es schützen. Einen direkten Angriff auf das Hebewerk gab es nicht. Doch wenige Tage vor Kriegsende stand das Leben der Anlage auf des Messers Schneide. Wie sollte der sogenannte „Nero-Befehl", Adolf Hitlers Befehl „Verbrannte Erde", der auch die Sprengung des Hebewerks Niederfinow anordnete, verhindert werden? Sprengsätze waren bereits angebracht worden, als sich der kommandierende Hauptmann Krell und der Hebewerks-Leiter Schlegel auf ein Unbrauchbar-Machen verständigten. Die Zerstörung sollte und konnte vermieden werden.

Technik

Gewichts-Ausgleich durch Gegengewichte: Das Grundprinzip für die Funktion eines Gegengewichts-Hebewerks ist offensichtlich und einfach zu verstehen. Die technikgeschichtliche Vorgeschichte reicht bis in das 18. Jahrhundert und weiter bis in die Antike zurück.

Kompliziert wird es im Detail. Jedes neuere Schiffshebewerk ist eine Maschine aus vielen Einzel-Entwicklungen des Stahlbaus, der Antriebs- und Sicherheits-Technik. Dementsprechend ausführlich lässt sich die Technik beschreiben. (Vorbildliche Erläuterungen auf der homepage des Wasser- und Schifffahrtsamts Eberswalde.) Die reichhaltige Literatur zum Hebewerk Niederfinow ist ein Spiegel für die umsichtigen Bemühungen um eine technisch einwandfreie Lösung. Innovativ war die Entkoppelung von Antriebs- und Brems-System. Das Patent dazu hatte die Wasserstraßen-Verwaltung dem Erfinder, Regierungsoberbaurat Loebell, abgekauft.

the planning authorities were able to make their own extensive preparatory studies "in peace, and unmolested by any outside competitors".

Professor Dr. Ing. O. Krell summed it up as follows: "As a result of the technical studies presented here, the building will attract the eyes of the whole technical world, and nobody will be able to prevent people speaking about it as an expression of the current status of German engineering as a whole. However, it is not entitled to such a status at all, now that all German engineers have been called on to take part in an official competition. (…) and so, in my position as a German engineer, I must dispute that the design in question for the Niederfinow ship lift embodies the current abilities of German engineers."

In the spring of 1928 commissions were handed out to a huge number of industrial enterprises, many of which had submitted their own designs in earlier competitions for ship lifts.

On 21st March 1934 the Niederfinow ship lift went into operation. Previously ships had needed two hours

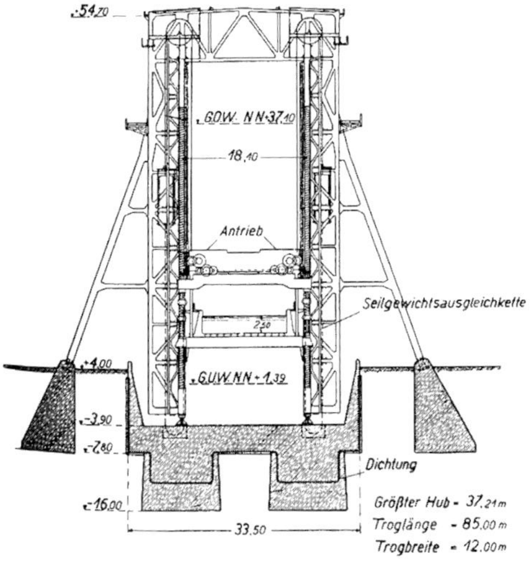

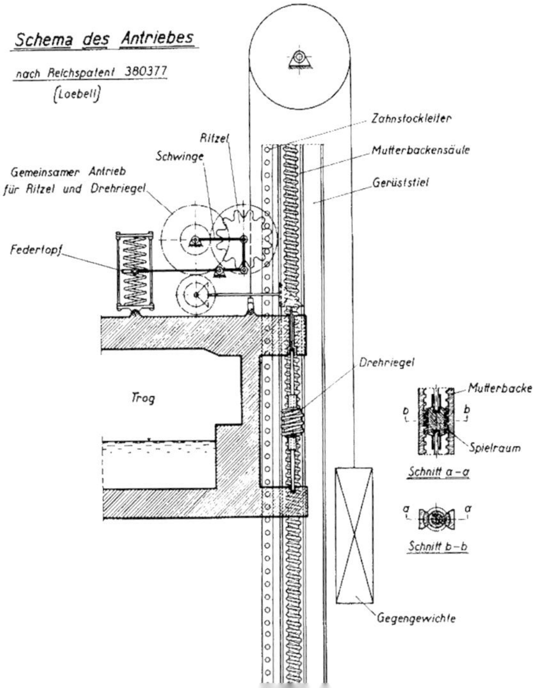

Schema des Antriebes nach Reichspatent 380377 (Loebell)

Betrieb

„Die Schiffe werden in einem mit Wasser gefüllten Trog gehoben und gesenkt. Der Trog wird auf beiden Seiten durch Hubtore abgeschlossen. Er wiegt in gefülltem Zustand 4.300 t oder 86.000 Zentner. Das Gewicht ändert sich nicht, wenn ein Schiff in den Trog hinein- oder aus dem Trog herausfährt. Denn dann strömt genau soviel Wasser ab oder zu, wie das Schiff wiegt. Der Trog hängt an 192 Drahtseilen. Diese Drahtseile werden über Seilscheiben von 3,5 m Durchmesser geführt, die sich in den Hallen des obersten Stockwerks befinden. An ihren anderen Enden tragen die Drahtseile schwere Gegengewichte. Durch diese Gegengewichte wird das Gewicht des Troges vollständig ausgeglichen.

Zur Bewegung dienen vier Zahnräder, sogenannte Ritzel, die an langen Zahnstockleitern auf- und niederklimmen. Die Ritzel werden durch vier Motoren von je 75 PS [55 Kw] angetrieben. Bei der Auf- und Abwärtsbewegung des Troges wird kein Wasser verbraucht, während beim Schleusenbetrieb bekanntlich viel Wasser verlorengeht.

Bei Aufzügen sind (...) Sicherungseinrichtungen vorgeschrieben, die den Aufzugskorb im Fall eines Defektes oder eines Bruches an irgendeinem Teil sofort in seiner Lage festhalten und dadurch verhindern, dass ein Unfall entsteht. Solche Sicherungseinrichtungen besitzt auch unser Hebewerk. Würde beispielsweise der Trog leck und dadurch das Gleichgewicht zwischen Trog und Gegengewichten gestört werden, so würde der Trog augenblicklich in seiner Lage festgeklemmt werden. Die außerordentlich sinnreiche Konstruktion dieser Sicherungseinrichtung ist dem Oberregierungsbaurat Loebell patentiert.

In seiner untersten Stellung befindet sich der Trog in der Trogkammer, einer riesigen Betonwanne von 111 m Länge, 34 m Breite und 8 m Tiefe [laut Festschrift: 97,65 m L.; 29,10 m B.; 7,9 m H.] die mit ihrer vier Meter starken Sohle auf neun einzelnen Betonpfeilern ruht. Die Pfeiler reichen bis zum tragfähigen Baugrund, etwa 20 m unter Gelände hinab [=Trogwanne: 8 m + Sohlplatte 4 m + Senkkästen 8 m]. Sie wurden nach dem Druckluftverfahren abgesenkt. In der Trogkammer steht das 60 m hohe Stahlgerüst, das sich, wie Sie sehen, in mehrere Türme gliedert. Die anschließenden Kanalhaltungen sind ebenso wie der Trog durch Hubtore abgeschlossen. Etwa 300 m oberhalb sehen Sie noch ein besonderes Sicherheitstor. Zum Anschluss des Bauwerks an die obere Haltung dient eine 157 m lange stählerne Kanalbrücke, die mit ihren 4000 t Stahlgewicht schon für sich recht bedeutsam ist. Ihre Belastung durch die Wasserfüllung kann bis zu 100 t auf 1 lfd. m ansteigen. Man hat darauf verzichtet, das Bauwerk mit irgendwelchem Schmuck zu versehen. Die Wucht der Stahlmassen würde solches Beiwerk nicht vertragen." (Reichsverkehrsministers Freiherr von Eltz-Rübenach, Auszug aus der Rede zur Eröffnung am 21. März 1934.)

to surmount the elevation in the canal by means of the series of four locks. Now the operation required a mere twenty minutes.

The ship lift survived the Second World War unscathed. Since it had been protected from danger by barrage balloons and the deployment of artificial fog, it suffered no direct attacks. But several days before the end of the war the survival of the site hung in the balance. For Adolf Hitler had given his "burnt earth" command, and this included an order to blow up the Niederfinow ship lift. Explosives had already been put in place when the officer in command, a Captain Krell and the head of the ship lift, Herr Schlegel, came to an agreement to make the lift inoperative. Thus they were able to avoid a complete destruction.

Technology

A counterbalance by counterweights: The basic principle behind the function of a counterweight ship lift is clear and easy to understand. The technical knowledge dates back to the 18th century, and even further into ancient times.

But things become more complicated when viewed in detail. Each new ship lift consists of many different individual improvements in steel construction, driving and safety technology. Correspondingly, the technical description of the ship lift is long and complicated. (For an excellent explanation, see the homepage of the Eberswalde Inland Waterways Transport Office). The vast amount of literature on the Niederfinow ship lift reflects the painstaking efforts to come up with a technically perfect solution. A major innovation was the separation of the driving system from the brakes. The waterways administration had bought the patent from its inventor, a leading government engineer by the name of Loebell.

Baukunstwerk Schiffshebewerk? – Architektur

Die preußische Akademie des Bauwesens hatte zwar die Pläne zur Technik des Hebewerks gebilligt, nicht aber die Gestaltung. Sie kritisierte die künstlerisch unbefriedigenden Eisen-Architektur der Verwaltung und empfahl eine Überarbeitung. Sechs Unternehmen reichten „Sonderentwürfe für die Gestaltung des Schiffshebewerks Niederfinow" ein; ein Entwurf stammte von dem namhaften Berliner Architekten Hans Poelzig. Er blieb, wie die anderen, unbeachtet. Bis auf kleine Korrekturen, setzte die Verwaltung ihre Entwurf durch.

Vorschlag für eine alternative Gestaltung des Hebewerks: der Verwaltungs-Entwurf unterstrich die horizontalen Linien des Hebewerks; dagegen betonte der berühmte deutsche Architekt H. Poelzig die vertikalen Struktur-Elemente und erinnerte damit an die Funktion des Hebewerks (1927)

Proposal for an alternative design: the design of the administration stressed the horizontal lines of the lift structure; the famous German architect H. Poelzig emphasised the vertical elements of the structure corresponding to the function of the lift (1927)

Über Architektur kann man sprechen und streiten. Unklar, schwächlich, provisorisch: keine Baukunst, sondern „leerer Formalismus" präge die Architektur des Schiffshebewerks Niederfinow, so der Architektur-Kritiker Rietzler im Jahr 1928. Mit der Kanal-Brücke zum Hebewerk und mit der Betonung des Laufstegs werde die horizontale Bewegung betont, „während es doch gerade darauf ankommt, daß an dieser Stelle die in der Natur des Kanals liegende horizontale Bewegung durch eine Vertikale jäh unterbrochen ist. An dieser Stelle steht das Schiff still und wird durch eine gewaltige Kraft gehoben oder gesenkt. Nichts anderes darf hier wirken als diese gesammelte Kraft und je klarer und gefestigter sie in Erscheinung tritt, desto besser. Und auch dazu dient das Rahmensystem; ihm gegenüber wirkt das Dreiecksfachwerk mit seinen sich wirr überschneidenden Diagonalen nicht nur unklar und schwächlich, sondern auch sozusagen provisorisch; man hat leicht den Eindruck eines zu irgendeinem Zwecke vorübergehend aufgerichteten Gerüstes." (W. Riezler: Das Schiffshebewerk Niederfinow. Ein Problem der Ingenieurästhetik, in: Die Form Nr. 2, 1928, S. 34–36) – Wer baut die attraktivere Technik? Noch heute halten manche konservative Standesvertreter an dem Konflikt zwischen Architekt und Ingenieur fest. Indessen überzeugt moderne Baukunst zuerst durch ihre Ergebnisse.

Operation

"The ships are raised and lowered in a trough filled with water. The trough is closed on both sides by gates. When full, it weighs 4,300 tons […]. The weight does not change when a ship enters or leaves the trough. The trough is supported by 192 wire cables. These wire cables are led via sheaves with a diameter of 3.5 m, which are contained in rooms on the top floor. There are heavy counterweights at the other end of the cables, which completely compensate for weight of the trough.

Four toothed wheels, so-called pinions, move the lift up and down a long rack (i. e. a toothed ladder). The pinions are driven by four 75 hp [55 Kw] motors. No water is wasted in moving the trough up and down. By contrast it is well known how much water is lost during operations with locks.

Ship lifts are (...) governed by safety regulations to ensure that, in the case of a defect in the trough or a fracture in the machinery, the trough can be halted immediately in the place it is standing, in order to prevent an accident. Our ship lift also has such safety equipment.

Das Alte Schiffshebewerk Niederfinow heute

Bis in die Gegenwart wird das Schiffshebewerk Niederfinow als ein „Zeugnis für die Leistungsfähigkeit der Technik und die Genialität des Menschen in der Welt", als ein Werk, das „alle Maßstäbe im Schiffshebewerksbau sprengte" oder als „Meisterleistung der Ingenieurbaukunst", als „Sinnbild deutscher Schaffenskraft" gefeiert. – Die innovative Technik-Entwicklung, die während der Kaiserzeit für preiswürdig erachtet worden war, geriet nur zehn Jahre später, in der Weimarer Republik, in Misskredit. Superlative sind immer eine Frage des Standpunkt und des Vergleichs.

Das Schiffshebewerk Niederfinow arbeitet ohne größere Störungen bis heute. Aber es ist in die Jahre gekommen. 1996 wurde die „Restnutzungsdauer" bis zum Jahr 2025 festgesetzt. Insofern repräsentiert das alte Schiffshebewerk Niederfinow einen Idealfall: Es ist ein technisches Denkmal in Betrieb, bestaunt von mehreren 100.000 Besuchern pro Jahr, Tendenz: steigend.

Should there be a leak in the trough which threatens to destroy the balance between the trough and the counterweights, the trough can be held fast in its current position. This extraordinarily well thought out safety mechanism has been patented by the chief government engineer, Herr Loebell. At its lowest position, the trough is placed in a chamber measuring 111 m in length, 34 m in width and 8 m in depth [according to another official information: 96.65 m; 29.1 m; 7,9 m], whose 4 m strong base rests on nine individual concrete pillars. The pillars extend around 20 m into the firm soil beneath the site [trough for the entire lift: 8 m + concrete base: 4 m + pillars: 4m], where they have been sunk by means of compressed air. The 60 m high steel frame stands in the trough chamber which is […] divided into a number of towers. The top and bottom ends of the canal are shut off by gates, as is the trough itself.

Around 300 m above this you can see another special safety gate. Linked with the lift on the upper reach is a 157 m long steel canal bridge, whose weight alone – 4,000 tons – is impressively significant. When it is filled with water the load within it can rise to levels of up to 100 tons per metre. It was decided to dispense with any adornments to this construction. The full force of this mass of steel would not be compatible with such accessories." (Excerpt from the speech made by the Reich Minister of Transport, Freiherr von Eltz-Rübenach, on the opening of the ship lift on 21st March 1934)

Architecture – the ship lift as a work of art?

The Prussian Building Academy had given its approval to the technical plans for the ship lift, but not to its design. It criticised the artistically unsatisfactory iron architecture submitted by the administrative department, and recommended that this be reconsidered. Six companies submitted special designs for the ship lift at Niederfinow. One of them came from the famous Berlin architect, Hans Poelzig. Like the others, it was completely disregarded. The design submitted by the administrative department won the day, albeit with a few small corrections.

There will always be lively arguments about architecture. Unclear, weak, temporary: not a work of art, nothing more than "empty formalism". These were the defining features of the Niederfinow ship lift, according to an architecture critic by the name of Herr Rietzler in 1928. The horizontal movement is emphasised by the canal bridge at the ship lift and the footbridge, "but the salient point here, is that the horizontal nature of the canal is interrupted abruptly by a vertical elevation. At this point the ship is standing still, and is raised and lowered by considerable power.

Daten und Fakten/*Data and facts*

Lage/*Site*: Am Oder-Havel-Kanal bei Eberswalde, nordöstlich von Berlin (Brandenburg)
On the Oder-Havel canal near Eberswalde in Brandenburg to the north-east of Berlin

Typ/*Type*: Senkrecht-Hebewerk mit Gewichts-Ausgleich durch Gegengewichte
Vertical ship lift with a counterbalance provided by counterweights

Hub-Höhe/*Lifting height*: 36 m–37,14 m

Trog-Abmessungen/*Trough dimensions*: 85 m nutzbare Länge/*Length*
12 m Breite/*Width*
2,50 m (+0,65 m) Tiefgang/*Depth*

Schiffsgröße/*Ship size*: bis 1.000 t Tragfähigkeit/*max. 1,000 tonnes load*

Bewegtes Gesamtgewicht/*Total moving weight*: 4.290 t (Trog-Gewicht mit Wasser-Füllung)
192 Gegengewichte an 256 Drahtseilen
Ausgleichs-Ketten 90 t
Gesamtgewicht 8.670 t
4,290 tonnes (weight of the trough when filled with water); 192 counterweights on 256 wire cables; Counterbalance chains 90 tonnes total weight 8,670 tonnes

Antrieb/*Drive*: Vier Gleichstrommotoren (je 55 kW)
Four D. C. motors (each 55 kW)

Energie: Öffentliches Netz und eigene Trafostation mit 2 x 400 kVA.
Das alte Maschinenhaus wurde 2006 abgerissen.
Die drei originalen Diesel-Aggregate wurden unter Denkmalschutz gestellt und erhalten. Sie können auf der Südseite des Hebewerks besichtigt werden.

Power: *Mains electricity network and own transformer station with 2 x 400 kVA*
The old engine house was torn down in 2006.
The three original diesel aggregates ware put under a protection order and can now be viewed on the south site of the lift.

Generalunternehmen/*Construction firm*: Arbeitsgemeinschaft aus vier Eisenbau- und drei Maschinenbau-Unternehmen; 17 Unternehmen erhielten größere Ausführungen.
A joint enterprise consisting of four iron construction firms and three engineering firms; 17 companies were awarded major contracts.

Offizielle Inbetriebnahme/*Official opening date*: 21. März 1934

Adresse/*Adress*: Schiffshebewerk Niederfinow
Hebewerkstraße
16248 Niederfinow
www.wsa-eberswalde.de

Nothing other than the total power should strike us here, and the clearer and firmer the impression, the better. This is served very well by the four-corner framework system devised by the architect Hans Poelzig. By contrast, the triangular steel trellis work with its confusingly overlapping diagonals is not only unclear and weak but also, so to speak, provisional. It is easy to get the impression that this is a temporary framework erected for any random purpose". (W. Riezler: Das Schiffshebewerk Niederfinow. Ein Problem der Ingenieurästhetik, in: Die Form Nr. 2, 1928, S. 34–36) – Who can construct technical buildings in a more attractive manner? Some practitioners still cling to the old conflict between architects and engineers. Nowadays what counts are the results of modern architecture.

The Old Niederfinow Ship Lift today

Down through the years the Niederfinow ship lift has been celebrated as a "testimony to technical efficiency and the genius of mankind", as a work which "surpasses all previous standards for ship lifts", as a "masterpiece of engineering", and as "a palpable symbol of German creative powers". The revolutionary technical improvement which had been considered worthy of an award during the time of the Kaiser fell into disrepute just 10 years later during the Weimar Republic. Superlatives are always a question of perspective and comparison.

The Niederfinow ship lift is still in operation today, and continues to operate without significant disruptions. That said, it has aged considerably. In 1996 it was given a future lifetime up to 2025. Thus the Niederfinow ship lift is an ideal example of a technical monument which is still in operation; a monument which is visited and admired by several hundred thousand visitors a year. The figures are still rising.

1934–1957/58; 1938–1959/60 Faltboot-Hebewerke Hausen am Obermain und Steinbach an der Iller

The folding-boat (canoe) lifts in Hausen on the Upper Main and Steinbach on the Iller

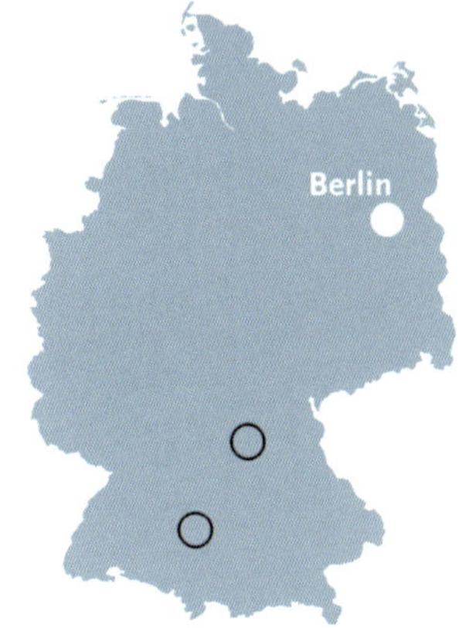

Im Dezember 1934 veröffentlichte die „Zeitschrift des Vereines deutscher Ingenieure" die technische Beschreibung eines Faltboot-Hebewerks. Der Bau wird als Beschluss des Leiters des Betriebsamtes der Stadt Coburg, Arno Fischer, dargestellt, um „für die vielen Faltbootfahrer, die in der dortigen Gegend auf dem Main ihren Sport ausüben, eine besondere Vorrichtung zu schaffen, die ein Überheben der Faltboote samt Insassen vom Ober- zum Unterwasser und umgekehrt, ohne Herausnehmen der Boote aus dem Wasser, in kürzester Zeit ermöglichen sollte."[1] Das liest sich überzeugend, die Hintergrundgeschichte ist aber vielschichtiger.

Zwei Hebewerke im Schatten nationalsozialistischer Vorzeige-Projekte zur Wasserkraftnutzung – Stichworte zur Geschichte

Mit über 1.000 Meter Girlanden, Tausenden von Fahnen, Birken, Tannengrün, einem umfangreichen Programm sowie mit der gesamten nationalsozialistischen Aufmarschkultur inszenierte die Stadt Coburg am 11. September 1934 die Inbetriebnahme des Wasserkraftwerks und der Wehranlage Hausen bei Lichtenfels und Staffelstein, in malerischer Lage unterhalb des Klosters Banz am Obermain. Alle Organisationen in der Region beteiligten sich mit Abordnungen, und auch die Bevölkerung war zahlreich vertreten. Den Auftakt zum Festakt bildete der gemeinsam gesungene Choral „Nun danket alle Gott". Im Zentrum der Feierlichkeiten standen der bayrische Staatsminister Adolf Wagner, der Oberpräsident und Gauleiter von Pommern und ehemalige Bürgermeister von Coburg, Franz Schwede (seit 1934: Schwede-Coburg), und Baurat Arno Fischer. Alle drei Personen waren als Parteigenossen seit mehreren Jahren im Einsatz gegen die „fluchwürdige Systemregierung" (Arno Fischer) der Weimarer Republik und für die NSDAP eng miteinander verbunden. Nach der nationalsozialistischen Machtübernahme 1933 setzte Oberbürgermeister Franz Schwede den Bau des Kraftwerks gegen langjährigen und erheblichen Widerstand durch. Arno Fischer, als enger Parteigenosse und Günstling von Schwede seit 1932 in städtischen Diensten, leitete die Arbeiten. Die gleichgeschaltete „Coburger National-Zeitung" berichtete ausführlich und mehrfach über diesen Beitrag zu „Coburgs 2. Arbeitsschlacht". Der Kraftwerksbau wurde als erstes Arbeitsbeschaffungs-

In December 1934 the "Magazine of the Society of German Engineers" published a technical description of a boat lift for folding-boats (canoes). The head of the operations department of the town of Coburg, Arno Fischer, had decided to build it in order to "create a special mechanism for the many canoeists who were practising their sport in that area of the River Main. It was intended to enable them to lift themselves and their canoes from the lower water to the upper water and back again in the shortest possible time, without having to take their boats out of the water." When you read this it sounds convincing but the background story is much more complicated.

Two ship lifts in the shadow of National Socialist model hydropower utilisation projects – the main details

On 11th September 1934 the town of Coburg officially opened the hydroelectric power station and weir system at Hausen near Lichtenfels and Staffelstein, a picturesque site below Banz Abbey on the Upper Main. The ceremony was accompanied by one thousand metres of garlands, thousands of flags, birches and fir tree sprigs, a large programme of events and every possible Nazi parade and procession. Delegations from all the organisations in the region took part, along with local crowds. The start of the official opening was

projekt in Bayern mit Mitteln des Reinhardt-Programms und, da die Stadt wegen Überschuldung unter finanzieller Zwangsverwaltung stand, über Gutscheine und Anteile finanziert. Die Hauptpersonen, die sich in ihren Reden immer wieder gegenseitig für ihre Verdienste um die nationalsozialistische Bewegung lobten, erhoben das städtische Kraftwerk zu einem Symbol: für den siegreichen Kampf gegen die „Profitwirtschaft" der Energiewirtschaft, hier der „Überlandwerk Coburg AG", für die von der NSDAP in den 1920er Jahren geforderte Dezentralisierung der Energieversorgung durch Kleinkraftwerke, für preiswertes Bauen, für die Sen-

Feierliche Inbetriebnahme der Wehranlage Hausen mit Kraftwerk und Hebewerk am 11. September 1934
Official opening of the weir Hausen including power station and folding boat lift

kung von Strompreisen und insgesamt für die „nationalsozialistischen Grundsätze" (A. Fischer).[2] „Das Werk", so Oberpräsident Schwede-Coburg: „diene dem Volksganzen und habe neben der volkswirtschaftlichen Bedeutung auch eine staatspolitische Aufgabe erfüllt in der Ueberbrückung politischer Gegensätze unter den Arbeitern durch die gemeinsame Arbeit an der Baustelle."[3] Nur oberflächlich verschleierte seine Rhetorik die Zwangsverpflichtung von Arbeitskräften für den Bau.

Eine der wesentlichen „Aufgaben der deutschen Wasserwirtschaft im neuen Reich", so der Bauingenieur und Rektor der Technischen Hochschule Hannover Dr. Ing. Otto Franzius in einem Grundsatzvortrag und im Einklang mit den neuen Machthabern, sei die „Kanalisierung unserer Flüsse" zur „Hebung des Wasserverkehrs" und zur Nutzung der Wasserkraft.[4] Allerdings seien „Kanäle als öde Wasserbänder" zu vermeiden, bei Neubauten müssten die Belange des Heimatschutzes berücksichtigt werden. Franzius reagiert damit auf eine in der Bevölkerung verbreitete und von den Nationalsozialisten adaptierte Forderung. Denn eine unübersehbare Folge der Kanalisierung und des Aufstaus von Flüssen war die Beeinträchtigung des Heimatgefühls und der Verlust des romantischen Landschaftserlebnisses. Doch hydroelektrisches Engagement auf der einen Seite, Natur- und Heimatschutz, wie sie die NSDAP vertrat, auf der anderen, widersprachen einander. Traditionelle Fluss-

marked by a jointly sung chorale "Now thank we all our God". At the centre of the festivities stood the Bavarian State Minister, Adolf Wagner, the Senior President and Gauleiter of Pomerania and the former Lord Mayor of Coburg, Franz Schwede (from 1934 onwards: Schwede-Coburg), and the architect, Arno Fischer. As party members, all three had been active opponents of the "accursed system government" (Arno Fischer) of the Weimar Republic for several years. They also worked in close collaboration for the NSDAP. After the National Socialist seizure of power in 1933 the Lord Mayor, Franz Schwede decided to build a hydraulic power station in the face of lengthy and considerable objections. Arno Fischer, a close party member and one of Schwede's minions who had been employed by the town since 1932, was given the responsibility for the

reviere wie Main und Neckar verloren ihre Attraktivität, die Wasserwanderer suchten neue Freizeitreviere, und mit ihnen verlagerte sich der Tourismus. Besonders die zahlreichen Anhänger des nach dem Ersten Weltkrieg populär gewordenen Faltboot- und Kajaksports, einer Ausprägung der Jugend- und Wandervogelbewegung, beklagten die großen Mühen, mit denen das Herumtragen ihrer Boote um derartige Hindernisse verbunden sei. „Wenn man sich aber erst ein paar hundert Meter mit dem schwer beladenen Boot durch das Gelände eines modernen Kraftwerkes plagen muß, dann ist es vollends zu Ende mit unserem Gefühl für die Schönheit der Technik."[5]

Diese Problematik ergab sich auch mit dem Neubau der neuen Wehranlage Hausen, wie sich Lothar Krautheim erinnert: „Meiner Erinnerung nach wurde mir nach dem Krieg von Mitgliedern des SV Coburg/Kanuabteilung erzählt, dass der Auslöser [für den Bau einer Übersetzanlage; E. Sch.] der Verein war. Das alte Wehr soll befahrbar gewesen sein. Die Coburger Paddler sind immer in Richtung Bamberg gepaddelt. Durch das Wehr wäre ihre Aktivität eingeschränkt worden. In Hausen befanden und befinden sich viele Wochenendhäuser, in denen Wassersportler wohnen."[6] Nicht nur um den Freundinnen und Freunden des Wassersports den Weg zu erleichtern, um ihre Interessen zumindest zu berücksichtigen und um „die Romantik des Flußwanderns mit der modernen Sachlichkeit technischer Flußbauten" zu vereinen, sondern um sich die öffentlichkeitswirksame Zustimmung der mitgliederstarken Faltboot- und Kanusport-Vereine zu sichern und sie in das nationalsozialistische Erfolgs-Szenarium einzubeziehen, entwickelte Arno Fischer eine neuartige Übersetzanlage, die sich von den herkömmlichen Überschleppen, Schrägaufzügen und Bootsschleusen auf spektakuläre Weise unterschied. Arno Fischer entwarf das „erste Faltboot-Hebewerk der Welt".[7] Der Entwurf wurde zusammen mit dem Unternehmen Escher Wyss Maschinenfabrik G.m.b.H., Ravensburg, konstruktiv durchgearbeitet.[8] Genauere Einzelheiten über die Entwicklung und die Zusammenarbeit sind unbekannt. Der Bauplan stammt vom 11. Mai 1934.[9] Bereits am 2. Juni 1934 meldete Fischer beim Reichspatentamt in München zwei Patente auf seinen Namen an: „Schiffshebewerke, insbesondere für Sportsboote" und „Einrichtung zur wasserdichten Verbindung der oberen Haltung mit dem Schiffstrog eines nach Art einer Wippe schwenkbaren Schiffshebewerkes, insbesondere für Sportboote".[10] Bürgermeister Schwede stimmte dem nachträglichen Einbau in die Wehranlage zu, und mit großem Druck auf die Lieferfirma erfolgte die rechtzeitige und kostengünstige Fertigstellung. Im Rahmen der feierlichen Einweihung nahm der Leiter des Deutschen Kanu-Verbands, Kanusportführer Dr. Eckert, das Faltboot-Hebewerk in Betrieb. Staatsminister Wagner besichtigte es „mit sichtlichem Interesse": „Unter allgemeinen Beifallskundgebungen passierten die ersten Faltboote das Hebewerk (...)."[11]

Feierliche Inbetriebnahme der Wehranlage Steinbach mit Kraftwerk und Hebewerk am 13. Juli 1938
The official opening of the weir Steinbach including power station and folding boat lift ▶

work. The politically conformist "Coburger National-Zeitung" published several long reports on this contribution to "Coburg's 2nd Labour battle". Because the town was deeply in debt and under forced administration due to financial difficulties, the building of the hydraulic power station was the first job creation project in Bavaria to be financed by the Reinhardt Programme. To do this it issued vouchers and shares. The main protagonists, who constantly used their speeches to praise each other for their services to the National Socialist movement, turned the municipal power station into a symbol of the victorious battle against the "profit-seeking policies" of the energy sector – by this they meant the "Überlandwerk Coburg AG" – and in favour of the policies that had been demanded by the NSDAP in the 1920s: the decentralisation of energy supplies by means of small-scale power stations, cost-effective building, the lowering of electricity prices and, all in all, the four "National Socialist principles" (A. Fischer). According to the Supreme President, Franz Schwede-Coburg: "The work serves the entire population and, alongside its economic importance it has also fulfilled a national political duty by bridging the political differences between the workers and allowing them to work jointly together on the building site." His rhetoric was a superficial attempt to conceal the fact that the people who had worked on the site were forced labourers.

In a keynote speech that chimed perfectly with the ideas of the new political party in power, the building

Die Einweihungsfeierlichkeiten am neuen Jller-Unterwasserkraftwerk

Links oben: Blick über das Werkgelände während der Feierstunde; im Vordergrund hat BdM. in Hakenkreuzform Aufstellung genommen. — Rechts oben: Ein prächtiger Blumenstrauß wurde soeben Staatsminister Gauleiter Wagner übergeben; links von Staatsminister Wagner Schwabens Gauleiter Karl Wahl, rechts der Kommandeur vom Memminger Fliegerhorst, Oberstltn. Stöckl und Kreisleiter Schwarz. — Links unten: Memminger SA. bei der Ausgabe von Brot; wie man sieht, hat sich selbstverständlich auch der „Allgäuer Beobachter" in den Dienst der Sache gestellt. — Rechts unten: Ein Faltboot vor der Durchschleusung; das Boot fährt soeben in das Hebewerk ein, in welchem es nach Art eines Aufzuges zum Wasserspiegel des Flusses unterhalb des Werkes gebracht wird

Aufn. Müller (2) Deng (2)

Vier Jahre später, am 13. Juli 1938: ein ähnliches Bild im Kreis Memmingen. Der „Allgäuer Beobachter“ berichtet eingehend über die feierliche Inbetriebnahme des Unterwasserkraftwerks Steinbach an der Iller: „Ein Werk nationalsozialistischer Tatkraft. (...) Zehntausende sind Zeugen des historischen Augenblicks“.[12] Dafür hatte der Kreisleiter der NSDAP die Betriebsleiter und Behördenvorstände im Kreis dazu aufgerufen, ihren Beschäftigten „möglichst ohne Lohnausfall“ freizugeben. Für die Organisation der Feierlichkeiten werde „eine große Anzahl von SA-, SS- und NSKK-Männer, politische Leiter, Hitlerjugend, BDM und Angehörige der Werkscharen benötigt“.

Die lange Reihe der Ehrengäste aus Partei, Wehrmacht, Staat und Wirtschaft wurde erneut von Staatsminister Wagner angeführt. Wie in jeder seiner Stellungnahmen präsentierte sich Arno Fischer, soeben zum Ministerialrat im bayerischen Staatsministerium des Innern aufgestiegen und von Hitler mit dem Goldenen Ehrenzeichen ausgezeichnet, als glühender Anhänger des „Führers“ und Kämpfer für die Ziele des Nationalsozialismus. Er berief sich auf die Unterstützung von Hermann Göring, der als Beauftragter für den Vierjahresplan die Nutzung der Wasserkraft als „weiße Kohle“ mit dem Bau weiterer Unterwasserkraftwerke nach der „Bauweise Schwede-Coburg – Fischer“ angeordnet hatte. Im Rahmen eines sogenannten „Staffelausbaus“, dessen Planung bis Anfang der 1920er Jahre zurück reichte, sollten an der Iller auf einer Strecke von 50 Flusskilometern neun weitere Kraftwerke entstehen. Fischer verwahrte sich vehement gegen die Kritik an der Technik – Fachleute hatten den

engineer and rector of the Technical College in Hanover, Dr. Ing. Otto Franzius noted that one of the basic “duties of the German water economy in the new Reich is the canalisation of our rivers”, to “raise the level of water traffic” and the use of hydraulic power. That said, it was necessary to prevent “canals from becoming tedious strips of water”. New constructions must take account of the protection of the homeland. Here Franzius was reacting to a demand adapted by the Nazis and propagated throughout the country. For one unavoidable consequence of building canals and damming up rivers was the damage done to people’s idea of their homeland and the loss of romantic landscapes. Yet there was a contradiction between a commitment to hydroelectric power on the one hand, and the Nazi commitment to nature and the protection of the homeland on the other. Traditional river areas like the Main and Neckar became less attractive, people began to look for new recreational areas

ungenügenden Wirkungsgrad des Unterwasserkraftwerks bemängelt.[14] Demgegenüber betonte Fischer die Vorteile im Hinblick auf die niedrigen Kosten, die Unsichtbarkeit aus wehrtechnischer Sicht, die Förderung der Landeskultur und die Hebung des Landschaftsbildes. An oberste Stelle, dem Führerprinzip gemäß, stellte er Görings Auftrag und den Willen des „Führers".

Wie schon beim Festakt für das Kraftwerk Hausen, spielte das hier eingebaute Faltboot-Hebewerk nur eine Nebenrolle. Es war im Prinzip baugleich, nur dass der Höhen-Unterschied zwischen Ober- und Unterwasser doppelt so groß war. Auf dem Pfeiler neben dem Hebewerk wurde zudem ein Betriebsraum errichtet. Die Fertigstellung erforderte die „Zuhilfenahme von Schichtarbeit und Überstunden" des liefernden Unternehmens Escher Wyss; die Kosten erhöhten sich erheblich.[15] Bei der Inbetriebnahme des neuen Kraftwerks, so der zeitgenössische Berichterstatter, galt das Hauptinteresse der Zuschauer der „Durchschleusung der Faltboote, die mittels eines Hebewerks, ähnlich wie die großen Schiffshebewerke, bewerkstelligt wurde".[16] Im „Kanu-Sport" von 1938 erschienen zwei Abbildungen und eine kurze Meldung.[17]

Wie es funktioniert – Stichworte zur Technik

Maßgeblich für die ingenieurtechnische Beschreibung des Faltboot-Hebewerks war die oben genannte Darstellung in der „Zeitschrift des Vereines deutscher Ingenieure".[18] Leicht verändert und mit dem Hinweis auf Baurat Fischer als Verfasser erschien sie auch in der Zeitschrift „Deutsche Wasserwirtschaft".[19] Ausführlicher kommentierte und beschrieb die Zeitschrift „Kanu-Sport/Faltboot-Sport" die „bahnbrechende Neuerung" als die „beste Lösung des Sportbootverkehrs an Großschiffahrts-Schleusen und Kraftwerken".[20] Ein besonders anschauliches Bild entwarf der Beitrag in der populären Jugendbuchreihe „Das neue Universum". Der unbekannte Verfasser schilderte zuerst den Zweck und die Konstruktion der Anlage, dann die Passage des Hebewerks mit den Augen eines Faltbootfahrers: „Dieses Faltboothebewerk setzt den Paddler in die Lage, in einer Minute vom Oberwasser ins Unterwasser oder auch umgekehrt zu kommen, ohne überhaupt auszusteigen. Dabei kostet die ganze Anlage nur einen Bruchteil dessen, was die bisherigen Umsetzanlagen erfordert haben. Die Durchfahrt kostet übrigens nichts. Das Faltboothebewerk besteht aus einem großen Hebel, dessen Unterstützungspunkte auf Betonpfeilern ruhen. An einem Ende des Hebels hängt ein langer Eisentrog, der mit Wasser gefüllt ist, am andern Ende ein Gewicht aus Eisenbeton. Last und Kraft dieses zweiarmigen Hebels sind vollkommen ausgeglichen, so daß man ihn gewissermaßen mit der Hand auf jeder Seite niederdrücken kann. Trotzdem ist ein kleiner Motor von dreieinhalb Pferdestärken [tatsächlich 2,5 PS; E. Sch.] eingebaut, der den Hebel bewegt. Er dient nur zur Überwindung von kleinen Rei-

away from rivers, and as a result tourists visited other places. One of the groups most strongly affected were the many fans of canoes and kayaks, a sporting activity that had become popular with the growth of youth and hiking movements after the First World War. The canoeists complained of the great efforts needed to drag their boats out of the water and overcome the hurdles involved. "It only takes 100 metres dragging a heavily loaded boat on your back across the site of a modern power station to put an end to any feeling for the beauties of technology."

This was one of the problems that arose with the construction of the new weir in Hausen. As Lothar Krautheim remembers: "As far as I recall, after the war members of the SV Coburg canoe section told me that what triggered off the club's demands [to build a mechanism to move things up and down from one step of the canal; E. Sch.] was to enable them to navigate the old weir. The Coburg canoeists had always paddled in the direction of Bamberg, and the new weir had restricted their activities. At the time there were (and still are), many weekend houses in Hausen occupied by water sports enthusiasts. Arno Fischer devised a new form of mechanism, spectacularly different from the traditional inclined elevators and sluices: "Not only to ease the difficulties of water sport enthusiasts and take account of their interests, but also to unite the romantic feelings involved with exploring the waterways with modern ideas of river engineering, guarantee the publicly effective approbation of the many members of canoeing clubs, and integrate them into Nazi success scenarios. Hence his design for the "first canoe lift in the world", which he worked on with the staff of the Escher Wyss Engineering Factory in Ravensburg. There are no existing

bungen und hält den Hebel bei etwa auftretenden Betriebsstörungen fest, so daß kein Teil abstürzen kann. An der Stirnseite des Troges ist eine Klappe angebracht, die durch einen Hebel umgelegt wird. Das Ganze sieht aus wie eine Streichholzschachtel, wenn wir die eine Schmalseite herausschneiden.

Das Faltboot-Hebewerk (Schema)

The folding boat lift (schema)

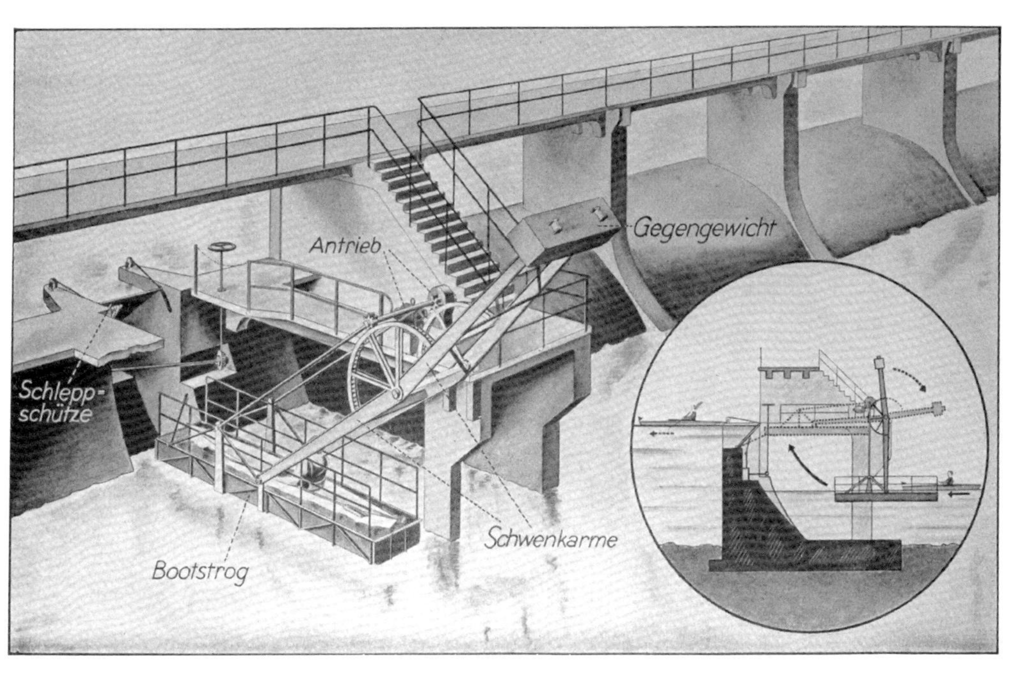

Der Vorgang bei der Durchfahrt eines Faltbootes durch das Hebewerk ist folgender: Kommt ein Faltboot den Obermain herunter, dann sieht der Fahrer am Ufer eine große Tafel mit der Aufschrift: „Faltboothebewerk 300 Meter weiter in der Mitte der Stauanlage." Nach 300 Meter Fahrt ist er also am Kraftwerk, und in der Mitte der ganzen Anlage ruft ihm wieder ein Schild zu: „Faltboothebewerk hier." Er hält darauf zu, sieht rechts einen Laufsteg und an diesem eine elektrische Glocke, auf die er nur zu drücken braucht. Dann weiß der Schleusenwärter, „daß jemand im Laden ist", er kommt herbei und öffnet eine kleine Schleuse in der Staumauer. Hinter der Schleuse liegt schon der Trog des Faltboothebewerks, dessen Klappe jetzt an der Stirnseite umgelegt wird. Die Wasserhöhe des Oberwassers ist mit der im Trog spiegelgleich. Das Faltboot fährt in den Trog (...). Das durch das Boot verdrängte Wasser strömt ins Oberwasser zurück, das Gewicht des Troges mit dem Faltboot bleibt also unverändert. Die kleine Schleuse wird gehoben, das Oberwasser ist wieder abgesperrt. Durch einen einfachen Hebeldruck wird auch die Klappe am Trog hochgehoben, das Oberwasser ist vom Faltboot getrennt. Durch eingebaute Lederdichtungen ist jedes Durchlaufen von

records of more specific details about how his ideas were jointly developed. The blueprint is dated 11th of May 1934. Fischer applied to the Reich Patent Office in Munich Office in Munich for two patents in his name as early as 2nd June 1934: one for "boat lifts, especially for sport boats" and the other for "a mechanism for a watertight link between the upper and lower waters with a seesaw-like trough of a swivelling boat lift, especially for sports boats". The Lord Mayor, Adolf Schwede, gave his official approval to its subsequent installation on the site of the weir and exerted great pressure on the delivery firm to ensure that it was completed on time in a cost-effective manner. The ceremony to mark the opening of the canoe lift was also attended

Wasser vermieden, es gibt also kein Spritzen und Nachstürzen vom Oberwasser her. Mit leisem Singen läuft der Motor an, und der Trog senkt sich in die Tiefe, während das am andern Ende des Hebelarms befindliche Gegengewicht in die Höhe steigt. Nach wenigen Sekunden taucht der Trog in das Unterwasser ein, so daß nur noch das Schutzgeländer herausragt. Mit einem kurzen Abstoß vom Schutzgeländer schießt das Boot (…) nach vorne in das Unterwasser. Der ganze Vorgang dauert, wie schon erwähnt, eine bis anderthalb Minuten. Der umgekehrte Weg ist ebenso einfach. Man fährt (…) vom Unterwasser aus zwischen die beiden Schutzgitter – denn der Trog selbst befindet sich jetzt unter dem Wasserspiegel – und hält sich zu beiden Seiten am Gitter fest. Der Trog hebt sich langsam und schöpft gewissermaßen das Faltboot aus dem Wasser heraus. Alles übrige Wasser fließt ab. Bald ist die Höhe des Oberwassers erreicht, der Wasserspiegel des Troges wird auf das Millimeter genau auf gleiche Höhe mit dem Oberwasser gebracht, die Klappschütze des Troges fällt um und die Schleppschütze zum Oberwasser senkt sich: die Ausfahrt ist frei. Fürwahr eine verblüffend einfache Angelegenheit, wenn man sie erst einmal gesehen hat, und man muß sich wundern, daß nicht schon viel früher ein erfinderischer Geist auf dieses „Ei des Kolumbus“ verfallen ist“.[21]

Mit seiner Beobachtung, wonach die Erfindung „viel Aufsehen im In- und Ausland erregt hat“, hatte sich der unbekannte Autor allerdings zu weit ins Visionäre vorgewagt.[22] Das internationale Aufsehen blieb aus.

Das schnelle Ende

Arno Fischer, 1939 „von Fritz Todt zum >Sonderbeauftragten für alle Fragen der Wasserwirtschaft< in das Hauptamt für Technik der Reichsleitung der NSDAP berufen" und 1941 zum Ministerialdirektor befördert, plante den Bau von weiteren 64 Kraftwerken als Unterwasserkraftwerke. Auf Grund überzogener Honorarforderungen wurde er 1941 beurlaubt.[23] Inwieweit alle Anlagen mit Faltboot-Hebewerken ausgestattet werden sollten, ist unbekannt. In den Fundamenten der Illerstufen V, VI und VIII waren jedoch die für ein Faltboot-Hebewerk notwendigen Nischen eingebaut worden.[24] 1940 nahm die Reichswasserstraßenverwaltung das Faltboot-Hebewerk als „Sportverkehrsanlage" in seine „Richtlinien für die Ausgestaltung der Reichswasserstraßen für Sport- und Kleinschiffsverkehrs" (Berlin 1940) auf.

Noch bis Anfang der 1950er Jahre erfreuten sich die Hebewerke an Main und Iller großer Beliebtheit. Allerdings ließ die Popularität des Faltboot-Fahrens nach. Neue Freizeitvergnügen traten an seine Stelle. Nur kurz erwähnte der Doyen der Faltbootfahrer, Herbert Rittlinger, die „Faltbootlifte" an Main und Iller.[25] Dann verlieren sich die Spuren. Ungeachtet der Bitte des lokalen Kanu-Verbands um Erhaltung wurde das Faltboot-Hebewerk Hausen nach einem Getriebeschaden im Winter 1956/57 und wegen sicherheitstechnischer Mängel vermutlich 1957/58 außer Betrieb genommen, demontiert und verschrottet.[26] Die Betonmauern zur Aufnahme der Hebewerk-Konstruktion sind dagegen noch sichtbar, bleiben aber ohne Erklärung unverständlich. Das Faltboot-Hebewerk bei Maria Steinbach wurde 1959/60, als das Kraftwerk eine neue Schaltzentrale erhielt, demontiert und verschrottet; dort haben sich keine Relikte erhalten.

Den Anstoß zu dieser Spurensuche gab Lothar Krautheims Erinnerung an eine Mainwanderfahrt im Jahr 1949 mit der Passage des Bootshebewerks Hausen sechzig Jahre später: „Ganz einfach, nur einfahren,

by the head of the German Canoe Federation, Dr. Eckert. The Minister of State, Adolf Wagner observed the goings-on with "evident interest", and "the first canoes passed through the lift to great applause from the watching crowds (...)."

Four years later, on 13th July 1938, there was a similar picture in the district of Memmingen. The "Allgäuer Beobachter" published a major report on the official opening of the underwater hydroelectric power station at Steinbach on the Iller: "A work full of National Socialist vigour. (...) Tens of thousands of people are witnesses to this historic moment". To achieve this, the regional head of the Nazi party had called on the local factory owners and local authority heads to give their employees time off, "if possible without loss of wages". "A huge number of SA, SS and NSKK men, political heads, members of the Hitler youth, the BDM and factory employees" were needed to organise the festivities.

The long list of VIP guests from politics, the Armed Forces, the state and business was once more headed by the Minister of State, Adolf Wagner. As in all his statements, Arno Fischer, who had just been promoted to the rank of a Ministerial Councillor in the Bavarian Home

Stationen einer Hebewerks-Passage
Passing the lift

Noch sichtbar, aber unverständlich: die Betonkonstruktion zur Aufnahme des maschinenbaulichen Teils des Faltboot-Hebewerks Hausen/Franken (2016)
The Hausen weir site: the concrete basement of the lift machinery is still visible but imcomprehensible

absenken und unten wieder ausfahren. Immer ein Boot nach dem anderen."[27] Wenig später veröffentlichte die Agentur Karl Hoeffkes einen Amateurfilm, der eine Passage mit dem Faltboot durch dieses Hebewerk zeigt.[28] Doch nur oberflächlich betrachtet sind die beiden Faltboothebewerke heute als Kuriosa der Hebewerksgeschichte wahrzunehmen. Vielmehr sind sie Zeugen einer Technik, die als Maßnahmen einer flankierenden Propaganda die Akzeptanz in der Bevölkerung für umstrittene Projekte der nationalsozialistischen Führungselite erhöhen sollten.

Office and awarded the Gold Badge of Honour by Hitler, described himself as an ardent follower of the "Führer" and campaigner for the aims of National Socialism. He referred back to the support given by Hermann Göring, the official responsible for the Four Year plan to use hydroelectric power as "white coal", and to the construction of further underwater hydroelectric power stations on the "lines of the Schwede-Coburg-Fischer model". Nine further hydroelectric power stations were intended to be built along a 50 kilometre stretch of the River Iller as part of a so-called "relay of extensions" whose planning dated back to the start of the 1920s. Fischer defended himself vehemently against criticisms of the technology – specialist experts had decried the ineffectiveness of underwater hydroelectric power stations. Fischer countered these arguments by emphasising the advantages of such buildings, like the low costs, their invisibility in terms of weir techniques, their promotion of the country's culture and the improvement of the landscape image. But, in accordance with the principle of the "Führer", pride of place went to Göring's commission and the will of the "Führer".

Daten und Fakten/*Data and facts*

Faltboot-Hebewerk Hausen

Lage/*Site*:	Staustufe am Obermain bei Hausen *Barrage on the Upper Main near Hausen*
Typ/*Type*:	Schwinghebel-Hebewerk mit Gegengewichtsausgleich *Swing-arm boat lift* *with counterweight balance*
Hub-Höhe/*Lifting height*:	4 m
Trog-Abmessungen (geschätzt)/ *Trough measurements (estimated)*:	5 m nutzbare Länge/*Length* 1 m Breite/*width* 15 cm Wassertiefe/Water depth
Bewegtes Gesamtgewicht/ *Total moving weight*:	geschätzt 6 t (Gegengewicht 2,3 t)
Antrieb/*Drive*:	2,5 PS Getriebemotor/ *2.5 horsepower gear motor*
Hubgeschwindigkeit/ *Lifting speed*:	5,7 m/min

Faltboot-Hebewerk Steinbach

Lage/*Site*:	Staustufe an der Iller bei Steinbach (seit 1954: Maria Steinbach) *Barrage on the Iller near Steinbach* *(since 1954: Maria Steinbach)*
Typ/*Type*:	Schwinghebel-Hebewerk mit Gegengewichtsausgleich *Swing-arm boat lift* *with counterweight balance*
Trog-Abmessungen/ *Trough measurements*:	6,25 m nutzbare Länge/*Length* 1,05 m Breite/*Width* 20 cm Wassertiefe/*Water depth*
Gegengewicht/ *Counterweight*:	7 t
Antrieb/*Drive*:	4,5 PS Getriebemotor/ *4.5 horsepower gear motor*
Hubgeschwindigkeit/ *Lifting speed*:	6,7 m/min

As in the ceremonies for the opening of the power station in Hausen, the new canoe lift only played a subsidiary role here. In principle it was the same building apart from the fact that the difference in the heights between the upper and lower reaches was twice as large. In addition an operations room was set up on the pier next to the boat lift. "Extra shifts and overtime work" were needed by the staff of the Escher Wyss company in order to complete the work, and costs rose considerably. According to contemporary reports, when the new hydroelectric power station was opened for operations, the main interest of the spectators was in the "sluicing through of the canoes that was executed by means of a boat lift similar to large-scale ship lifts". Two pictures and a short report appeared in an edition of "Canoe Sport" in 1938.

How it functioned – some comments on the technology

The description given above in the "Magazine of the Society of German Engineers" was the determining factor for the technical description of the canoe lift. A slightly changed version with a reference to the architect, Arno Fischer as the author, also appeared in the periodical "German Water Industry". A description in the periodical "Canoe /Folding Boat Sport" commented extensively on the "pioneering innovation" as the "best solution for water traffic at large sluices and power stations". An article in the popular book series "The New Universe" threw a particularly clear light on the matter. The unknown author first described the aim and construction of the mechanism, before depicting the passage through the lift from the viewpoint of a canoeist: "This canoe lift puts paddlers in a position to get from the upper reach to the lower reach, or reverse, in a minute without having to leave the boat at all. And the whole mechanism costs a fraction of what previous devices had cost. The passage through the lift is free, by the way. The canoe lift consists of a large lever resting on concrete supports. At one end of the lever hangs a long iron trough filled with water: At the other end is a counterweight made of reinforced concrete. The load and power of this twin-armed lever are completely balanced, so that you can, as it were, push it down on each side with your hand. Nonetheless a small three horse-power motor [in fact it was 2.5 horse power E. Sch.] has been built in to move the lever. It serves to overcome minor frictions and keeps the lever steady in the case of any disruptions, and to prevent anything from crashing. A flap, which can be moved back and forth by a lever, is attached to the front of the trough. The whole thing looks like a matchbox after you have cut out one of the narrow sides.

This is what the progress of a canoe through the lift looks like: when you canoe down the Upper Main, you first see a large sign saying: "Canoe lift in 300 metres in the centre of the dam." In other words you will be arriving at the power station in 300 metres, and in the centre of the whole plant another sign reads: "Canoe lift here." You come to a halt, and see a walkway on your right-hand side, on which an electric bell is hanging. All you need to do is to press it. Then the lockkeeper knows that "someone's in the shop". When he arrives he opens up a small sluice in the dam wall. Behind the sluice is the canoe-lift trough, whose flap is now lowered at the front. The height of the upper water is now exactly the same as the water in the trough. The canoe passes into the trough (…). The water pushed out by the canoe flows back into the upper reach, so that the total weight of the trough and the canoe remains the same. The small sluice is then closed to block off the upper water. It only needs a slight pressure on the lever to lift up the flap on the trough and separate the canoe from the upper water. It is impossible for any water to seep in because of the built-in leather seals. This means that the water at the top cannot crash down on you, or soak you in way whatever. The motor begins to hum quietly and the trough is lowered downwards, whilst the counterweight at the other end of the lever is raised. After a few seconds the trough lands in the lower water and the only thing now protruding is the guard rail. A brief push on the guard rail is enough to allow the boat to shoot out (…) forwards into the lower water. As already mentioned, the whole procedure lasts for one to one and a half minutes. The journey in the other direction is just as easy. You paddle in (…) from the lower water between the two guard rails – for the trough now lies beneath the water level – and hold tight to both sides of the rail. The trough rises slowly and pulls the canoe, so to speak, out of the water. The remaining water flows off. You soon reach the upper water, and the trough is brought to precisely the same level. The protective flap in the trough is now lowered to the water level and you are free to exit. This is an amazingly simple operation once you have witnessed it for the first time, and it is astonishing that no inventive spirit thought of this strikingly simple solution earlier."

The unknown author's remark that the invention "has aroused much attention both at home and abroad" was however somewhat daring in its visionary powers. There was no reaction at all from abroad.

A rapid end

Arno Fischer, who was appointed by Fritz Todt in 1939 "as the 'Special Representative for all questions on the water economy' in the Main Technical Office of the NSDAP Reich Headquarters", and subsequently promoted to the post of Ministerial Director in 1941, planned the construction of sixty-four further underwater hydraulic power stations. He was relieved of his post in 1941 on the grounds of his excessive demands for fees. Just how many of the sites were to be equipped with canoe lifts is unknown. That said, the niches necessary for a canoe lift were built into the foundations of the "Illerstufen V, VI and VIII". In 1940 the Reich Waterways Administration included canoe lifts as devices "for sport traffic" in its "guidelines for designing Reich waterways for sport and small shipping traffic." (Berlin 1940).

The lifts on the Rivers Main and Iller were hugely popular right into the mid-1950s despite the fact that canoeing declined in popularity to be replaced by new forms of recreation. The doyen of canoeists, Herbert Rittlinger, only briefly mentions the "folding-boat lifts" on the Main and Iller. After that, the traces get lost. Despite the request from the local canoe club to preserve the lift at Hausen it was taken out of operation after transmission damage in winter 1956/57, and dismantled and sent for scrap in 1957/58, probably for safety reasons. That said, the concrete walls used for the lift are still visible, although they are impossible to decipher without an explanation. The canoe lift near Maria Steinbach was dismantled and sent for scrap in 1959/60, when the power station was given a new control centre. No relics remain.

Lothar Krautheim's memoirs of a journey down the Main and a passage through the canoe lift at Hausen in 1949 were written sixty years later: they were the inspiration behind this hunt for information. "It's easy. Just paddle in, descend and paddle out again. Always one boat after another." Some time later the Karl Hoeffkes agency released an amateur film that showed a passage with a canoe through the lift. But only superficially can we perceive the two canoe lifts as curiosa in the history of ship lifts. They are much more witnesses to technology, and to propaganda measures aimed at raising public acceptance for disputed projects introduced by the top echelons of the Nazi elite.

Anmerkungen

1. Zeitschrift des Vereines deutscher Ingenieure, 22. Dezember 1934, S. 1484f. [in der Rubrik „Aus der Ingenieurarbeit"] – Für ihre Unterstützung bei meinen Recherchen danke ich Ursula Böhm, Adelheid Waschka, Helmut Gerster, Lothar Krautheim, Frank Pöhler, Josef Schädle sowie den folgenden Archiven, Bibliotheken und Museen: Agentur Karl Höffkes, Gescher; Andritz Hydro GmbH, Ravensburg; Bayerische Elektrizitätswerke GmbH, Augsburg; Bayerische Staatsbibliothek, München; Deutsches Patent- und Markenamt, München; Landesbibliothek, Coburg; Museum Bad Staffelstein; Staatsarchiv, Coburg; Stadtarchiv, Coburg; Stadt- und Landesbibliothek, Dortmund; Städtische Werke Überlandwerke Coburg GmbH, Coburg; Wasserwirtschaftsamt, Kempten.
2. Dazu aus nationalsozialistischer Sicht Franz Schwede-Coburg: Kampf um Coburg, München 1939, besonders S. 243–245; sowie Herbert Garde: Schwede-Coburg. Ein Lebensbild des Gauleiters und Oberpräsidenten von Pommern, Berlin 1939
3. O.V.: Coburg in der Arbeitsschlacht. Staatsminister Wagner weihte das Kraftwerk Hausen. Oberpräsident Schwede kündigt bevorstehende Senkung der Strompreise an, in: Coburger Zeitung, 12.9.1934 – Zum „Schwede-Kult" (S. 191) s. Joachim Albrecht: Die Avantgarde des „Dritten Reiches". Die Coburger NSDAP während der Weimarer Republik 1922–1933, Frankfurt a. M. 2005 und Ausstellungskatalog Coburg 2004. „Voraus zur Unzeit". Coburg und der Aufstieg des Nationalsozialismus in Deutschland. Katalog zur Ausstellung der Initiative Stadtmuseum Coburg e.V. und des Staatsarchivs Coburg, Coburg 2004 [Coburger Stadtgeschichte, Bd. 2]
4. Otto Franzius: Die Aufgaben der deutschen Wasserwirtschaft im neuen Reich, in: Deutsche Wasserwirtschaft, Nr. 11, 1934, S. 232–236; hier S. 235f.
5. H. S. [Hugo Schmidt, Schriftleiter der Verbandszeitschrift]: Der erste Faltboot-Lift. Eine bahnbrechende Neuerung. Die beste Lösung des Sportbootverkehrs an Großschiffahrtsschleusen und Kraftwerken, in: Kanu-Sport/Faltboot-Sport, 15. Jg., Heft 34, 1. Dezember 1934, S. 389–392, S. 389 – Zur allgemeinen Einordnung der Wasserkraftprojekte in Zweispalt von Energiegewinnung und Landschaftsschutz s. Helmut Maier: „Unter Wasser und unter der Erde", Die süddeutschen und alpinen Wasserkraftprojekte des Rheinisch-Westfälischen Elektrizitätswerks (RWE) und der Natur- und Landschaftsschutz während des „Dritten Reiches", in: Günter Bayerl, Torsten Meyer (Hrsg.): Die Veränderung der Kulturlandschaft.

Nutzungen – Sichtweisen – Planungen, Münster, New York, München, Berlin 2003, S. 139–175. [Cottbuser Studien zur Geschichte von Technik, Arbeit und Umwelt, Band 22]

6 Freundliche Mitteilung von Lothar Krautheim (27. 6. 2016)

7 O.V.: Das erste Faltboot-Hebewerk der Welt wird eingeweiht, in: Kanu-Sport/Faltboot-Sport, 15. Jg., Heft 29, 22. Juli 1934, S. 337

8 Mit dieser Formulierung umreißt die Berichterstattung in „Die Wasserwirtschaft" (1935, S. 150) die Entstehung.

9 Archiv LWL-Industriemuseum, Dortmund

10 Deutsches Reich, Reichspatentamt, Patentschrift Nr. 652 747, veröffentlicht am 8. November 1937, und Deutsches Reich, Reichspatentamt, Patentschrift Nr. 662 005, veröffentlicht am 2. Juli 1938

11 O.V.: Coburg in der Arbeitsschlacht. Staatsminister Wagner weihte das Kraftwerk Hausen. Oberpräsident Schwede kündigt bevorstehende Senkung der Strompreise an, in: Coburger Zeitung, 12. 9. 1934

12 Allgäuer Beobachter, 9. Jg., Nummer 159, 12. Juli 1938

13 Allgäuer Beobachter, 9. Jg., Nummer 157, 9. Juli 1938

14 Der „Allgäuer Beobachter" hatte Arno Fischers Beitrag aus dem „Völkischen Beobachter" zeitgleich zum Einweihungstag am 11. Juli unter dem Titel „Eine technisch revolutionäre Tat. Unterwasserkraftwerk in der Iller bei Steinbach. Seine Entstehung und Bedeutung für die Energiewirtschaft Großdeutschlands" erneut abgedruckt. – Den detaillierten Nachweis der Unwirtschaftlichkeit von Unterwasserkraftwerken der Bauart Arno Fischer sowie Angaben zur politischen Einflussnahme und Bedrohung durch Fischer veröffentlichte Hans Faic Canaan: Das Unterwasserkraftwerk und die Unterwasserturbine, Bauweise Arno Fischer, Heidenheim (Brenz) 1945; s. dazu auch Martin Gschwandtner: Es war einmal ein „Kohlenklau". Technik unter dem Joch der NS-Diktatur. Arno Fischer und der Irrweg der „Unterwasserkraftwerke" in der Zeit von 1933–1945, Hof bei Salzburg 2009; erneut in: ders.: Energie aus den Gewässern. Viktor Kaplans schnellste Erntemaschine, Hamburg 2015, S. 212–220, 265–267

15 Staatsministerium München, 22. 4. 1938 (Archiv LWL-Industriemuseum, Dortmund)

16 Allgäuer Beobachter, 9. Jg., Nummer 159, 12. Juli 1938

17 Kanu-Sport/Faltboot-Sport, Heft 20, 1938, S. 391

18 Siehe Anmerkung 1

19 Deutsche Wasserwirtschaft, Nr. 7, 1935, S. 149–151; der Hinweis auf den Verfasser erscheint im Inhaltsverzeichnis.

20 H. S. [Hugo Schmidt, Schriftleiter der Verbandszeitschrift]: Der erste Faltboot-Lift. Eine bahnbrechende Neuerung. Die beste Lösung des Sportbootverkehrs an GroßschiffahrtsSchleusen und Kraftwerken, in: Kanu-Sport/Faltboot-Sport, 15. Jg., Heft 34, 1. Dezember 1934, S. 389–392

21 O.V.: Das erste Faltboothebewerk der Welt, in: Das neue Universum, Band 56, 1935, S. 410–413, hier S. 412f.

22 O.V.: Das erste Faltboothebewerk der Welt, in: Das neue Universum, Band 56, 1935, S. 410–413, hier S. 412

23 Siehe dazu: Arno Fischer (Techniker), in: https://de.wikipedia.org/w/index.php?titel=Arno_Fischer_(Techniker)&oldid=149095339 – eingesehen: 20. 6. 2016

24 Freundliche Information von Helmut Gerster

25 Herbert Rittlinger: Die neue Schule des Kanusports. Fluß. Meer. Wildwasser. Freiluftleben. [1950] Zweite, neubearbeitete und ergänzte Auflage, Wiesbaden 1954, S. 169

26 Freundlicher Hinweis von Michael Troebs, Stadtarchiv Coburg

27 Lothar Krautheim: Einen zehnjährigen Traum erfüllt. Mainwanderfahrt vor 60 Jahren, in: http://www.kanugeschichte-bayern.de/data/krautheim.pdf – eingesehen am 24. 6. 2016

28 Eingestellt von der Agentur Karl Hoeffkes im März 2011 unter: http://www.karlhoeffkes.de/archives/2561; Das Archiv besitzt einen weiteren Film über den Bau des Kraftwerks Steinbach mit einigen Einstellungen zum dortigen Faltboot-Hebewerk.

1938–2005; 2013 Zwei-Schwimmer-Hebewerk Rothensee und Doppel-Hebewerk Hohenwarthe

Rothensee twin float ship lift and Hohenwarthe twin ship lift

Im Kampf um den Mittellandkanal – Stichworte zur Geschichte

Schiffshebewerke als Geschichts-Zeichen: Wie kein anderes veranschaulicht das Schiffshebewerk Rothensee diese über die technischen Daten hinausgehende Bedeutung. Schon in den Plänen Preußens vor 1900 für einen Mittellandkanal sollte ein Schiffshebewerk mit 10 m Hubhöhe die Verbindung mit der Elbe herstellen.

Am 30. Oktober 1938 erfolgte die feierliche Inbetriebnahme. Zeitgleich fand der „Deutsche Binnenschiffahrtstag" statt. Wasserstraßen-Verwaltung und Binnenschifffahrt feierten gemeinsam. Die regierenden Nationalsozialisten und ihre Presse nutzten den Anlass, um den „Aufbruch der Binnenschiffahrt im Großdeutschen Reich" zu verkünden. Abkehr vom Außenhandel und Herstellung wirtschaftlicher Unabhängigkeit, die Förderung der innerdeutschen Güter-Produktion und des innerdeutschen Verkehrswesens waren neue Schwerpunkte der nationalsozialistischen Vierjahresplan-Wirtschaft seit 1933. Dahinter stand die Einschwörung der Öffentlichkeit auf eine Vision der NS-Politik: auf eine kontinentale Großraum-Wirtschaft mit „Groß-Deutschland" im Zentrum. Um dieses Ziel zu erreichen, liefen die geheimen Kriegs-Vorbereitungen seit langem auf vollen Touren. Dementsprechend wurden die Leistungs-Anforderungen an die Binnenschifffahrt und die Wasserstraßen-Verwaltung ständig erhöht. Kaum ein Jahr nach der Fertigstellung von Mittellandkanal und Hebewerk Rothensee begann Deutschland den Zweiten Weltkrieg mit dem Überfall auf Polen am 1. September 1939.

Für den Ausbau des deutschen Wasserstraßen-Netzes bedeutete die neue Politik eine Kehrtwendung. Die Seehafen-Ausrichtung wurde aufgegeben. Die Fertigstellung des Mittellandkanals erhielt Priorität. Das Schiffshebewerk Rothensee bildete die westliche Verbindung zwischen Mittellandkanal und Elbe; das Doppel-Hebewerk Hohenwarthe auf der Ostseite der Elbe sollte die Verbindung zu den märkischen, den mitteldeutschen Wasserstraßen herstellen. Als die ersten Schiffe das Hebewerk Rothensee passierten, wurde an der Kanalbrücke über die Elbe und an den Hebewerken Hohenwarthe noch gebaut. Sie schienen am glücklichen Ende des Jahrzehnte langen Kampfes um den Bau des Mittellandkanals zu stehen.

The battle for the Mittelland Canal – brief history

Ship lifts as symbols of history: the Rothensee ship lift has a historical significance far beyond that of its technical data. Even before 1900 there were plans in Prussia to build a 10 m ship lift to link the Mittelland canal with the Elbe.

The ship lift was officially opened on the 30th October 1938, at the same time as the German Inland Waterways Conference. This meant that the Waterways Authority and the assembled bargees were able to celebrate together. The ruling National Socialists and their press used the occasion to announce the "leap forward in inland waterways traffic in the Greater German Reich". Starting in 1933, the four-year plan put forward by the National Socialists concentrated on abandoning foreign trade in order to become economically independent at home, promoting the production of domestically produced goods, and building up the German traffic system. The idea behind this was to win over the commitment of the general public to the political vision of the Nazis, who foresaw a major continental economic system with Greater Germany at its centre. In order to achieve this aim, secret preparations for war had been forging ahead at full speed for years. Correspondingly, demands on inland

▲ **Technische Denkmale in der Deutschen Demokratischen Republik (Postkarte 1988)**
Technical monuments in the German Democratic Republic (Postcard 1988)

Der Durchgangsverkehr am Schiffshebewerk Rothensee war von Anfang an sehr stark. Immer wieder wurde nicht nur zweischichtig (2 x 8 Stunden), sondern rund um die Uhr gearbeitet. Während des Krieges wurde es zeitweise mit Tarnnetzen vor Flieger-Angriffen geschützt. In unmittelbarer Nähe lagen die Holzbaracken für die Zwangsarbeiter des Reichsschleppbetriebs. Um die vordringenden alliierten Truppen gegen Kriegsende aufzuhalten, hatte deutsches Militär auch die Zerstörung des Hebewerks Rothensee angeordnet. Das Betriebspersonal unterlief den Befehl: „Eine zur Befehlsausführung pro forma auf den Trog abgefeuerte Panzerfaust richtete nur leichte Schäden an, die schnell behoben werden konnten."

Ohne die Überführung des Mittellandkanals über die Elbe war das Schiffshebewerk Rothensee das entscheidende Wasserbauwerk zur Zusammenführung des Wasserstraßen-Verkehrs von Mittel- und West-Deutschland. Nach Kriegsende, mit dem Beginn des Kalten Kriegs und mit der deutschen Teilung wurde die Technik erneut zum politischen Kampfmittel. Am 24. Juni 1948 sperrte die Sowjetunion den gesamten Personen- und Güter-Verkehr zwischen West-Deutschland und Berlin. Am Schiffshebewerk Rothensee wurde der Betrieb eingestellt. Amerikaner und Briten stellten daraufhin den Transport von Kohle und Stahl aus der Bi-Zone in dieOstzone ein. Die Berlin-Blockade und die Versorgung Berlins durch die berühmte Luft-Brücke dauerten fast ein Jahr bis zum 12. Mai 1949.

Gewährsleute aus der Schifffahrt berichteten, dass das Hebewerk Rothensee auch danach immer wieder einmal für die DDR-Politik der kleinen Nadelstiche eingesetzt wurde. Kurzfristig, oft genug ohne Vorankündigung, wurde es mit dem Hinweis auf Wartungs- oder Reparatur-Arbeiten für den Schiffs-Verkehr gesperrt. Die festliegenden Schiffs-Besatzungen aus dem Westen, die ihr Schiff entweder gar nicht oder unter strengen Auflagen verlassen durften, hatten darunter zu leiden. Erst in den 1980er Jahren wurden die Beschränkungen gelockert.

An einem Brennpunkt der deutsch-deutschen Geschichte war das Hebewerk Rothensee zu einem Symbol der deutschen Teilung geworden. 1963, zwei Jahre, nachdem die Deutsche Demokratische Republik an der Grenze zur Bundesrepublik Deutschland den „antifaschistischen Schutzwall" errichtet hatte, veröffentlichte die „Gesellschaft zur Verbreitung

waterway traffic and the Waterways Authority were being constantly raised. Scarcely 12 months after the completion of the Mittelland canal and the Rothensee ship lift Germany began the Second World War with the invasion of Poland on 1st September 1939.

The extension of the German inland waterways network was a complete reversal of policies thus far, and the modernisation of seaports was abandoned in favour of the completion of the Mittelland canal. The Rothensee ship lift was the western link between the Mittelland Canal and the River Elbe. The Hohenwarthe twin ship lift to the east of the Elbe was intended to provide a link to the central German waterways. The canal bridge over the Elbe and the Hohenwarthe ship lift were still being constructed at the time the first ships began to pass through the Rothensee ship lift. The long struggle to build the Mittelland Canal

wissenschaftlicher Kenntnisse" die Broschüre „Der Weser-Elbe-Kanal und das Schiffshebewerk Rothensee". In einem Vorwort zu dem informativen Büchlein erklärte der Vorsitzende die dahinter stehende Absicht: „Unsere kleine Broschüre will sich mit dieser technischen Einrichtung befassen und einige interessante Ausführungen zum Weser-Elbe-Kanal und Schiffshebewerk Rothensee machen. Möge die Broschüre dazu beitragen, diesen internationalen Verbindungsweg besser kennenzulernen, möge sie zum Nachdenken anregen, damit unsere Werktätigen,

seemed to be coming to a happy conclusion.

From the very start the Rothensee ship lift had to deal with a huge amount of traffic. The workers there were continually forced to work, not just two 8-hour shifts a day, but around the clock. During the war the ship lift was protected from air raids for a time by camouflage nets. The wooden barracks of the forced labour camp, whose workers were employed by the Reich Tug Company, were also in the immediate vicinity. In order to halt the approach of the Allied forces towards the end of the war the German military authorities ordered the Rothensee ship lift to be destroyed, but this command was undermined by the action taken by the workers there: "The command was obeyed on a pro forma basis, for the bazooka that was fired at the trough only caused a small amount of damage which could be easily repaired."

Because the Mittelland canal over the Elbe was still not complete the Rothensee ship lift played a vital role as a junction for the inland waterway traffic from both central and western Germany. The start of the Cold War and the division of Germany after 1945 meant that the ship lift once more became a matter of political contention. On the 24th June 1948 the Soviet Union blocked all traffic between West Germany and Berlin, and operations at the ship lift were suspended. The Americans and the British responded by banning the transport of coal and steel from the allied zone to Berlin, which was in the middle of the Soviet controlled zone. The Berlin blockade, during which the citizens of Berlin were supplied with goods and services by air in the shape of the famous "Luftbrücke" operation, lasted almost a year until 12th May 1949.

die dieses technische Bauwerk besichtigen, alles tun, dass der Weser-Elbe-Kanal nicht mehr durch zwei deutsche Staaten geht, sondern ein einheitliches, friedliebendes und demokratisches Deutschland mit seinen Nachbarstaaten verbindet." Die Bezeichnung „Mittellandkanal" war getilgt worden. Der Wunsch erfüllte sich mit der Zusammenführung der beiden deutschen Staaten nach dem Fall der Mauer im Jahr 1989. Aus dem Hebewerk als einem Symbol der Trennung wurde wieder ein Symbol der Vereinigung, diesmal für die Vereinigung der beiden deutschen Staaten.

Zwei-Schwimmer-Hebewerk mit Spindel-Führung – Technik

Ursprünglich bestand nicht die Absicht, an beiden Stellen Schiffshebewerke zu bauen, sondern Kammerschleusen. Bei dem großen Gefälle konnten allerdings einfache Schleusen wegen ihres Wasserverbrauches nicht verwendet werden. Im Jahre 1922 wurde ein auf Vorkriegspreisen aufgebauter Vergleich zwischen Speicherschachtschleusen mit etwa 70 % Wasserersparnis und gleich leistungsfähigen Schiffshebewerken durchgeführt. Für letztere wurden die Kosten von Gegengewichts-Hebewerken eingesetzt. Der Vergleich ergab eine Überlegenheit der Hebewerke in Anlage- und Betriebskosten. Eine Nachrechnung mit den neuen Preisen nach der Inflation bestätigte dieses Ergebnis. (...) Inzwischen ausgeführte Tiefbohrungen [im Jahr 1929; E.Sch.] legten den Gedanken nahe, die Schwimmerschächte zu vertiefen und die Zahl der Schwimmer auf zwei zu beschränken, da sich hieraus wesentliche Vorteile für die statischen Verhältnisse des sog. „bewegten Systems" ergeben. (...) Der Gedanke des Zweischwimmerhebewerkes ist nicht mehr verlassen worden." (M. Arens: Das Schiffshebewerk Rothensee, in: Der Bauingenieur 1938, S. 600)

Trog-Kammer, Spindel, Unterseite des Trogs
Trough chamber; spindle, bottom side of the trough

Längsschnitt
Longitudinal section

Das Führungs-Gerüst für eine der vier Spindeln
Guide frame for one of the four spindles

Bei der Inbetriebnahme 1938 feierte die nationalsozialistische Propaganda das Schiffshebewerk Rothensee als „ein einzigartiges Wunderwerk deutscher Arbeit und deutschen Geistes". Doch die Technik des Schwimmer-Hebewerks war spätestens seit dem „ideal einfachen" Hebewerk Henrichenburg (H. Dehnert) bewährt und bekannt. Noch viel älter ist die Geschichte des Schwimmer-Systems mit der Nutzung des

Auftriebs für den Gewichts-Ausgleich. In den 1920er Jahren waren Alternativen mit seitlichen oder über dem Trog angeordneten Schwimmern vorgeschlagen und diskutiert worden. Zunächst jedoch wurde ein Vier-Schwimmer-Hebewerk geplant. Da die Boden-Verhältnisse es zuließen, gab man diese Planungen zu Gunsten eines Zweischwimmer-Hebewerks auf und sparte damit vier Prozent der Baukosten. Die Grundlagen dafür beruhten auf dem Patent für ein Zwei-Schwimmer-Hebewerk des Ingenieurs Rudolf Mussaeus aus dem Jahr 1926. Die Trog-Abmessungen waren die gleichen wie beim 1934 in Betrieb genommenen Hebewerk Niederfinow.

Technische Beschreibung

„Beim Hebewerk Rothensee ruht der Trog nur auf zwei Schwimmern, von denen jeder mithin eine Last von 2.700 t erhält. Die Blechträgerbrücke, die den Trog in sich trägt, ist auf dem einen Schwimmer fest, auf dem anderen beweglich gelagert. Die zylindrischen Schwimmer haben 10 m Durchmesser und 35 m Länge. Sie tauchen in die bis zum oberen Rand gefüllten 11 m weiten und 60 m tiefen Schächte ein. Geführt wird der Trog während der Bewegung gegen waagerechte

Reliable internal sources repor ted that the Rothensee ship lift was used time and again by East German politicians to needle the Federal Republic. Sometimes the waterway was blocked at short notice, and often without warning, with the explanation that it was necessary to carry out maintenance work or repairs. The main people to suffer were the crews on the barges from the West, who either had to stay put where they were, or were only allowed to move on provided they submitted to bureaucratic impositions. Such restrictions were relaxed only in the 1980s.

The Rothensee ship lift became a symbol of the division of Germany at a critical point in the history of the country. In 1963, two years after the East German government had erected the "Antifascist Protection Wall" to prevent their own citizens from escaping to the West, an East German organisation by the name of "The Society for the Dissemination of Scientific Knowledge" published a brochure entitled "The Weser-Elbe Canal and the Rothensee Ship Lift". In a foreword to the informative booklet, the society's chairman explained its intentions. "Our little brochure deals with this technical building and provides readers with some interesting information on the Weser-Elbe canal and the Rothensee ship lift. May the brochure contribute to make more people aware of this international waterway link, may it give some pause for thought, to help the workers who are responsible for maintaining this technical

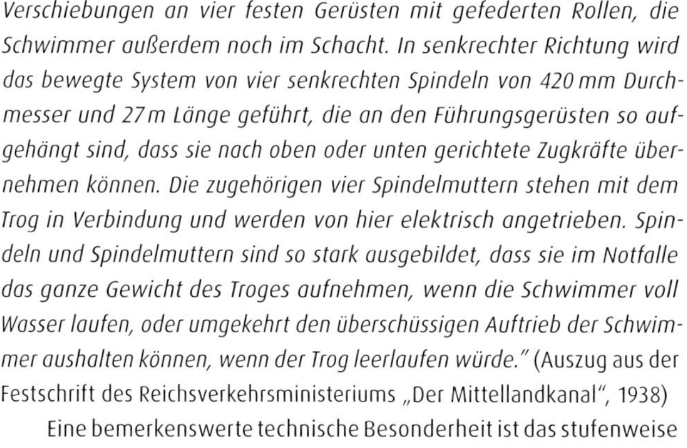

Verschiebungen an vier festen Gerüsten mit gefederten Rollen, die Schwimmer außerdem noch im Schacht. In senkrechter Richtung wird das bewegte System von vier senkrechten Spindeln von 420 mm Durchmesser und 27 m Länge geführt, die an den Führungsgerüsten so aufgehängt sind, dass sie nach oben oder unten gerichtete Zugkräfte übernehmen können. Die zugehörigen vier Spindelmuttern stehen mit dem Trog in Verbindung und werden von hier elektrisch angetrieben. Spindeln und Spindelmuttern sind so stark ausgebildet, dass sie im Notfalle das ganze Gewicht des Troges aufnehmen, wenn die Schwimmer voll Wasser laufen, oder umgekehrt den überschüssigen Auftrieb der Schwimmer aushalten können, wenn der Trog leerlaufen würde." (Auszug aus der Festschrift des Reichsverkehrsministeriums „Der Mittellandkanal", 1938)

Eine bemerkenswerte technische Besonderheit ist das stufenweise verstellbare Schildschütz als Abschluss des Hebewerks gegen die wechselnden Wasserstände der Elbe.

Sachlich und schlicht – Architektur

Form und Gestalt der Konstruktion waren zweckbestimmt und im Unterschied zum Hebewerk Niederfinow nicht zum Gegenstand eines Wettbewerbs geworden. In der Tradition der neuen Sachlichkeit folgt die Form der Funktion. Die durchgehenden Blech-Verkleidungen in Kasten-Profilen geben den Hauptteilen des Hebewerks eine klare und einfache Gliederung. Unter technik- und industriearchitektur-geschichtlichen Gesichtspunkten ist das Hebewerk Rothensee ein Kind des Ingenieurbaus aus der Weimarer Republik. Vor allem anderen aber hatte die technische Lösung preiswert zu sein. Das Hebewerk soll 13 Millionen Reichsmark gekostet haben; offizielle Angaben gab es nicht.

Das Doppel-Hebewerk Hohenwarthe

Während auf der Westseite der Elbe gefeiert wurde, liefen die Bauarbeiten für das Doppel-Hebewerk Hohenwarthe mit 19 m Hubhöhe auf der Ostseite und für die Kanal-Brücke über die Elbe weiter. Bereits 1929 waren auch hier Baugrund-Untersuchungen angestellt und der Platz für ein drittes Hebewerk vorgesehen worden. Die Fertigstellung war für 1942 geplant. Die Verschärfung der Mangelwirtschaft führte jedoch schon 1940/41 zur Einstellung der Bauarbeiten. Noch 1957 erwog die DDR, den Bau wieder aufzunehmen und fertig zu stellen. – Die Ruinen und Teile

building do everything possible to ensure that the Weser-Elbe Canal no longer runs through two German states, but links a unified, peace-loving and democratic Germany with its neighbouring States." The term "Mittelland Canal" had been expunged. The pious wishes expressed here were fulfilled in 1989 with the fall of the Berlin Wall and the rest of the so-called "Protection Wall" around East Germany. Instead of being a symbol of the division of the country, the ship lift now became a symbol of the unification of the two German States.

A twin float ship lift with a spindle guide – Technology

"The original aim was not to build ship lifts on both sides, but lift locks. Simple locks could not be used because of the huge difference in

Mit dem Hebewerk und dem Verbindungs-Kanal zur Elbe war der Mittellandkanal 1938 provisorisch fertig gestellt
The Mittelland Canal was temporary completed with a lift and the lower reach in 1938

Modell für das Doppel-Hebewerk Hohenwarthe
Model of the Hohenwarthe Twin ship lift

des Stahlbaus, die schon an der Baustelle lagerten und auf den Einbau warteten, wurden erst Ende der 1990er Jahre, im Zuge der Arbeiten für die neue Elbe-Überführung und für die Doppelschleuse Hohenwarthe, beseitigt.

Das Schiffshebewerk Rothensee heute

Auch das Schiffshebewerk Rothensee hatte sich im Betrieb bewährt. Zu kleine Abmesssungen für die größeren Motor-Güterschiffe erforderten Ersatz. Im Rahmen des „Projekts 17 Deutsche Einheit" wurde parallel zum Hebewerk eine neue Sparschleuse gebaut. Ihre Fertigstellung 2001 stellte das Hebewerk zur Disposition. Nach den restriktiven Vorgaben des Bundesrechnungshofs legte die Wasserstraßen-Verwaltung das Hebewerk am 2. Juli 2006 still, obwohl der volkswirtschaftliche Gesamtnutzen gutachterlich nachgewiesen wurde.

Doch die Berliner Ministerialbürokratie hatte etwas Entscheidendes übersehen. Das Schiffshebewerk Rothensee war nicht nur ein Technisches Denkmal, sondern auch ein lebendiger Erinnerungsort für die Industriekultur der Region und ein touristischer Anziehungspunkt. 56.000 Menschen protestierten, ein Förderverein gründete sich, und auch die Stadt Magdeburg mit ihrem Bürgermeister Lutz Trümper forderte die betriebliche Erhaltung des Schiffshebewerks. Die Unterstützung wuchs.

Nach sechs Jahren mit sehr schwierigen Verhandlungen erreichte das bürgerschaftliche Engagement endlich sein Ziel. Die Stadt Magdeburg pachtete das Hebewerk auf zehn Jahre bis 2022 vom Bund und erhielt die Betriebserlaubnis für das Heben und Senken von Fahrgastschiffen, Booten und Sportschiffen im Rahmen eines jährlichen Saisonbetriebs. Am 24. August 2013, im Rahmen eines Volksfestes, nahm das neue Hebewerks-Team das Schiffshebewerk Rothensee wieder in Betrieb.

height between the two levels and the amount of water which would be lost in the process. In 1922 a comparative study was made on the basis of prewar prices between storage sluices that would save around 70% water, and similarly efficient counterweight ship lifts. The study came to the conclusion that ship lifts were both cheaper to build and run. A later calculation using new prices and taking account of inflation confirmed this report. (...) Deep drillings in the meantime [in 1929; E.Sch.] suggested it might be better to deepen the float shafts and limit the number of floats to two, for this would result in definite improvements in the static relationships of the so-called „moving system". (...) The idea of building a twin float ship lift was now unassailable".

When it was opened in 1938, Nazi propaganda hailed the Rothensee ship lift as a "a unique and marvellous product of German work and the German spirit". Indeed the technology used in the float ship lift was to prove its worth at a later date in the shape of the "ideally simple" (H. Dehnert) ship lift at Henrichenburg that made the technology even better known. Float systems and their use as counterweights go back much further in time. Alternative proposals had been made and discussed as early as the 1920s for ship lifts with floats at the side or under the trough. At first there were plans to build a four-float ship lift at Rothensee, but these were later abandoned in favour of a twin float ship lift saving 4% on building costs, when it was realised that soil conditions would allow for this. The basic idea drew on a patent for a twin float ship lift registered in 1926 by an engineer called Rudolf Mussaeus. The trough dimensions were the same as those used in the Niederfinow ship lift which went into operation in 1934.

Hebewerks-Betrieb (Oktober 2005)
Lift in operation

Technical details

"The trough at the Rothensee ship lift rests on only two floats, each of which carries a burden of 2.700 tonnes. The plate girder bridge which contains the trough is fixed to one of the floats and placed on the other in such a way as to remain mobile. The cylindrical floats have a diameter of 10 m and a length of 35 m. The basins in which they are sunk are 11 m wide and 60 m deep, and filled to the brim with water. Whilst it is moving, the trough is guided by horizontal displacements on four fixed frames with spring-mounted rollers, and the floats are guided in their basins. The vertically moving system is guided by four vertical spindles, 420 mm in diameter and 27 m in length, which are hung on the guide frames so as a way to enable them to take over the moving loads. The four spindle nuts are connected with the trough, from which they are electrically driven. The spindles and the nuts are so powerful that they can take the whole weight of the trough in an emergency – if the floats fill up with water for example – or, at the other extreme, if the water runs out of the trough they can stop the excessive drive provided by the floats." [Excerpt from the commemorative volume entitled "Der Mittellandkanal", published in 1938 by the Reich Transport Ministry]

A technical achievement which is particularly worthy of note is the progressively adjustable protective screen at the bottom gate of the lift which protects the ship lift from changes in water levels in the Elbe.

Plain and unadorned – The architecture.

Both the shape and the design of the ship lift are functional. By contrast with the Niederfinow ship lift, they were not subject to any competition. Form followed function, as laid down by the modern objective style known in Germany as "neue Sachlichkeit". The continuous box-shaped, sheet metal sheathing structures the main body of the ship lift in a clear and simple way. Viewed in terms of the history of technical and industrial architecture, the Rothensee ship lift is a product of engineering during the Weimar Republic. The primary consideration with respect to the technology was the price, and this should be as economic as possible. The ship lift is said to have cost 13,000,000 Reich marks. No official figures were ever published.

The Hohenwarthe Twin Ship Lift

Whilst the people on the west side of the Elbe were celebrating the opening of the Rothensee ship lift, construction work was continuing on the twin ship lift (19 m high) at Hohenwarthe on the east side, and the nearby canal bridge over the Elbe. Surveys of the building soil had begun here as early as 1929 because there were originally plans to build a third ship lift here. The completion date was set for 1942; but because of the war the German economy took a sharp downturn which led to construction work being stopped as early as 1940/41. In 1957 the East German government considered taking up construction work once again with a view to completing the ship lift. But despite this, no action was taken. The ruins and part of the steel construction that lay around the building site waiting to be erected, were only removed at the end of the 1990s during work on the new canal bridge over the Elbe and the twin lock at Hohenwarthe.

The Rothensee ship lift today

Over the years the Rothensee ship lift has proved its worth. Nonetheless it was necessary to build a substitute construction because the lift was too small to take larger motorised barges. A new lock was therefore built parallel to the ship lift as part of a "Unified Germany" project. Its completion in 2001 put the further existence of the ship lift in question. Following restrictive instructions laid down by the Federal Government Budgetary Commission, the Waterways Authority closed the ship lift on 2nd July 2006, despite the fact that official surveys had shown that it was still economically viable.

The bureaucrats in the Berlin Ministry had overlooked one decisive factor. The Rothensee ship lift was not only a technical monument but also a living memorial to the region's industrial heritage and a tourist attraction. 56.000 people protested, a supporters' club was set up, and the city of Magdeburg and its mayor, Lutz Trümper, also demanded that the shiplift remain in operation. Support grew. After six years of difficult negotiations the protesters finally achieved what they wanted. The city of Magdeburg took a ten-year lease on the ship lift from the government until 2022 and received permission to raise and lower passenger ships, boats and sport boats on a seasonal basis. On 24. August 2013, during a public festival, the new shiplift team put the Rothensee lift back into operation.

Das Hebewerk Rothensee und die neue Schleuse Rothensee (2004)
The Rothensee lift and the new Rothensee lock

Daten und Fakten/*Data and facts*

Lage/*Site*: Mittellandkanal (Km 320,4), am Abstieg zur Elbe und zu den Magdeburger Häfen bei Magdeburg (Sachsen-Anhalt)
Mittelland Canal (320.4 kilometres), near Magdeburg (Saxon-Anhalt) at the descent to the Elbe and the Magdeburg ports.

Typ/*Type*: Senkrecht-Hebewerk mit Gewichts-Ausgleich durch zwei Schwimmer
Vertical ship lift with counterweights provided by two floats

Hub-Höhe/*Lifting height*: 10,45 m bis 18,67 m abhängig vom Wasserstand der Elbe
depending on the water level of the Elbe

Trog-Abmessungen/*Trough dimensions*: 85 m nutzbare Länge/*length*
12,20 m Breite/*width*
2,50 m Tiefgang/*depth*

Schiffsgröße/*Ship size*: bis 1.000 t Tragfähigkeit/*max. 1,000 tonnes load*

Bewegtes Gesamtgewicht/*Total moving weight*: 5.400 t/*tonnes*

Antrieb/*Drive*: Vier Antriebs- oder Spindelmuttern am Trog, die auf vier feststehenden Gewindespindeln gleiten.
Four spindle nuts on the trough which glide up and down threaded spindles

Energie: 220 V Gleichstrom-Generator zum Antrieb der acht Motoren für die vier Spindelmuttern;
Versorgung der übrigen Aggregate mit 380 V

Power: *220volt DC generator driving eight motors for the four spindle nuts; a 380 volt supply for the rest of the site*

Generalunternehmen/*Construction firm*: Friedrich Krupp Grusonwerk A.-G, Magdeburg-Buckau

Offizielle Inbetriebnahme/*Official opening date*: 30. Oktober 1938: Festakt zur Indienststellung des Schiffshebewerks Rothensee
Ceremony for the start of operations at the Rothensee ship lift

Adresse/*Adress*: Schiffshebewerk
39126 Magdeburg
www.wsa-magdeburg.de

1962–2005 Neues Schiffshebewerk Henrichenburg

The New Henrichenburg Ship Lift

Strukturwandel im Ruhrgebiet – Stichworte zur Geschichte

Alt und neu: Nachdem das neue Schiffshebewerk Henrichenburg seiner Bestimmung übergeben worden war, sollte die Zeit der Schiffs-Staus vor der Schachtschleuse Henrichenburg und vor dem alten Hebewerk vorbei sein. Sie war auch vorbei, doch aus anderen Gründen. Das alte Bild vom Ruhrgebiet als der Schmiede des bundesrepublikanischen Wirtschaftswunders bekam immer größere Risse. Die Strukturkrise in der Montan-Industrie setzte ein. Das Massengut-Aufkommen an Kohle und Stahl ging stetig zurück. Zwischen 1958 und 1963 wurden 33 Bergwerke mit einer Förderkapazität von 10,3 Millionen Tonnen stillgelegt. Am 31. Oktober 1964 meldete der Rationalisierungs-Verband Ruhrbergbau weitere 31 Großschacht-Anlagen und 20 Kleinzechen mit einer Gesamtförderung von 26 Millionen Tonnen Steinkohle zur Stilllegung an. Zwei Jahrzehnte später folgte die Krise der Stahl-Industrie. Das neue Hebewerk Henrichenburg entstand im Umbruch vom Wirtschaftswunder zur Strukturkrise im Ruhrgebiet.

Als die Planungen für das neue Hebewerk am Kanal-Abstieg bei Waltrop konkret wurden, war davon noch nichts zu sehen. Im Gegenteil: Im Jahr 1955 warteten zeitweise 90 Schiffe fünf Tage lang auf die Passage durch Hebewerk und Schleuse und auf die Weiterfahrt. Die regionale Wirtschaft schlug Alarm. Die Wasserbauwerke hätten die Gren-

Brief history – Upheavals in the Ruhrgebiet

Old and new: when operations began at the New Henrichenburg ship lift, this was supposed to spell the end of long waiting times for ships arriving at the Old Henrichenburg lock and ship lift. This proved all too true, but for quite different reasons. The New Henrichenburg Ship Lift was built just as the years of economic miracle were coming to an end and the structural crisis in the Ruhrgebiet was about to begin. The traditional image of the grimy Ruhrgebiet was beginning to crumble. The crisis in the coal and steel industries had set in, and there was a steady decline in the amount of coal and steel being transported through the area. Between 1958 and 1963, 33 coalmines were closed, with the loss of a potential capacity production of 10.3 million tons. On 31st of October 1964, the Ruhr Mining Rationalisation Association reported the closure of a further 31 major collieries and 20 smaller collieries with a total capacity of 26 million tons of coal. Two decades later the crisis in the steel industry began.

None of this could have been foreseen when plans for building a new ship lift at the canal junction near Waltrop were made concrete. Quite the contrary. In 1955 there were cases of up to 90 ships having to wait for five days to pass through

zen ihrer Leistungsfähigkeit erreicht und seien zu Engpässen geworden. Gebraucht werde ein neues größeres Schiffshebewerk.

In der Wasserstraßen-Verwaltung war man vorbereitet und hatte mit Vorstudien begonnen. Erweiterungs-Planungen hatte es schon seit den 1920er Jahren gegeben. Eine vergleichende Untersuchung der Schiffshebewerke Henrichenburg (1899), Niederfinow (1934) und Rothensee (1938) wurde auf zwei Projekte abgestimmt:

1. ein zweites Hebewerk Henrichenburg in Waltrop und
2. drei Hebewerke für den geplanten Main-Donau-Kanal (nicht verwirklicht).

1957 übernahm das Neubauamt Datteln die weiteren Untersuchungen. „Nach Abschluss der Vorarbeiten wurden im Frühjahr 1958 die Lösungen, ein Zweischwimmerhebewerk und eine Sparschleuse mit 2 x 4 Sparbecken, öffentlich ausgeschrieben. (...) Das Ergebnis der Ausschreibung zeigte, dass für die Schleuse, die hinsichtlich der reinen Baukosten billiger ist als ein Zweisschwimmerhebewerk, der verwaltungsseitig aufgestellte Entwurf allen anderen Sonderlösungen, die in einer großen Anzahl vorgeschlagen waren, überlegen war. (...) Unter eingehender

the ship lift and the lock on their way to and from the coast. Factories and businesses in the region had already given voice to their alarm. Waterway constructions had reached the limit of their capacities and had become bottlenecks. A new and larger ship lift was needed.

The waterways authorities had already prepared for this by commissioning preliminary studies. There had been plans for extensions in the years since 1922. A comparative study of the Henrichenburg ship lift (1899), and those at Niederfinow (1934) and

◄ **Postkarte 1962**/*Postcard*

▼ **Luftbild 1962**/*Aerial photo*

Würdigung der verschiedensten Gesichtspunkte und Kostenfaktoren fiel die Entscheidung zugunsten eines Zweischwimmerhebewerkes. Die Aufträge für die Ausführung des Hebewerkes wurden im Herbst 1958 erteilt an zwei Arbeitsgemeinschaften, und zwar je eine Arbeitsgemeinschaft für die Tiefbauarbeiten und eine für die Stahlbauteile einschließlich Maschinenbau und elektrische Einrichtungen."

Im Frühjahr 1960 waren die Tiefbau-Arbeiten für das neue Hebewerk weitgehend abgeschlossen, die Montage der Stahlbau-Teile begann. Die „Dortmunder Tageszeitung" berichtete darüber. Zugleich berichtete sie über die jüngste Entwicklung der Binnenschifffahrt und der Montan-Industrie. Der Güter-Umschlag im Dortmunder Hafen war nicht auf acht Millionen Tonnen gestiegen, sondern auf fünf Millionen Tonnen zurück gegangen.

Im Frühjahr 1962 begann der Probebetrieb für das Hebewerk. Am 31. August 1962 nahm der Bundesminister für Verkehr Hans-Christoph Seebohm den „Riesenfahrstuhl für Kanalschiffe" feierlich in Betrieb. Die Kosten einschließlich der Nebenanlagen betrugen rund 38 Millionen DM.

1987 schloss Dortmunds letzte Zeche. 2002 erlosch das Feuer im letzten Dortmunder Hochofen. Die Zeit der Massengut-Transporte war endgültig vorbei.

Rothensee (1938) resulted in proposals for two projects:
1. A second ship lift at Henrichenburg in Waltrop and
2. Three ship lifts for the proposed Main-Danube canal (not realised).

In 1957 the New Building Office (Neubauamt) in Datteln took over further studies. "After preliminary reports had been concluded in spring 1958, companies were publicly invited to submit tenders for two solutions, a twin float ship lift and a lock with two side ponds. (...) The upshot was that the design for the lock – whose construction costs alone were

Ein Ausnahme-Moment während einer Inspektion: Öffnung des Trog-Tors, obwohl sich der Trog in oberer Stellung befindet (ca. 1995)
A rare moment during an inspection: The gate to the trough is open whilst resting at the top (ca. 1995)

Längsschnitt / *Longitudinal section*

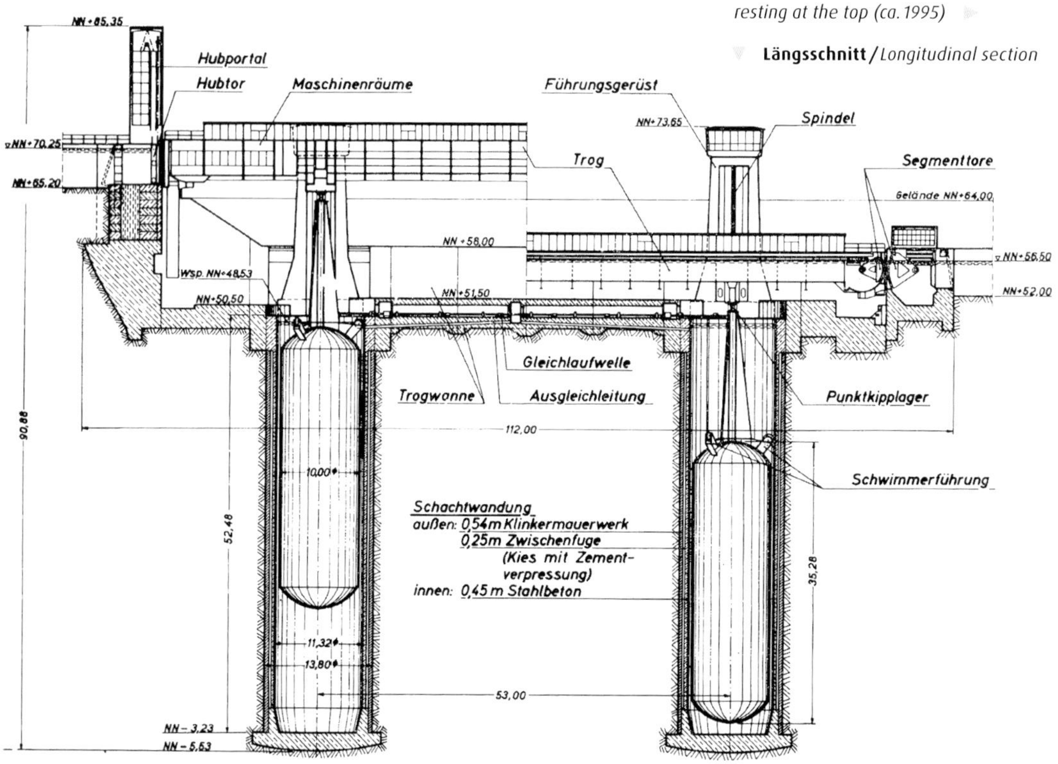

Technik

„Schwimmer" oder „Gegengewicht"? Die Verfasser der vorbereitenden Studie aus dem Jahr 1956 erkannten Vorteile beim System mit Schwimmern mitten unter dem Trog. Eine seitliche Anordnung der Schwimmerschächte, wie von den Ingenieuren Faure und Wreden vorgeschlagen und wie schon für das alte Schiffshebewerk Henrichenburg erwogen, wurde ebenso verworfen wie seitliche oder über dem Trog angeordnete Schwimmertürme. Nur mit einer kleinen Bemerkung wurde die Frage der Bauwerks-Gestaltung angeschnitten: „Wie die Skizzen zeigen, wird es schwer sein, hohen Hebewerken mit Schwimmertürmen [gedacht war an bis zu 12 Türme; Anmerkung von E. Sch.] ein befriedigendes Aussehen zu geben." Die Verwendung anderer Flüssigkeiten als Wasser zur Füllung der Schwimmerschächte zur Vermeidung von Frostschäden schlossen die beiden Fachleute aus technischen Erwägungen aus. Auch die Eignung längs- oder quergeneigter Ebenen war erwogen und verworfen worden. Ihre große Grundfläche hätte in der Bergsenkungs-Region zu einem erhöhten Risiko für die Standsicherheit geführt. Wohl zum letzten Mal brachte der Ingenieur Rothmund sein System für eine Tauchschleuse in die Diskussion.

Der Hebewerks-Trog wiegt 870 t, mit Wasserfüllung ca. 4.370 t. Er ruht auf zwei großen zylindrischen Schwimmern. Jeder von ihnen wiegt 315 t, hat einen Durchmesser von 10 m und eine Höhe von 35,25 m. Jeder Schwimmer befindet sich in einem 52,48 m tiefen wassergefüllten Schacht. Beide verdrängen rund 2.500 m^3 Wasser und halten so das ganze System in der Schwebe. Fährt ein Schiff in den Trog ein, so verdrängt es daraus gerade soviel Wasser, wie es selbst wiegt (Prinzip des Archimedes). Der wassergefüllte Trog (mit oder ohne Schiff) wiegt also nach wie vor 4.370 t und das System bleibt im Gleichgewicht. Um den gefüllten Trog zu heben oder zu senken sind nur verhältnismäßig kleine Kräfte notwendig. - In vier seitlich angeordneten Türmen befindet sich je eine Spindel. Sie sind zur zwängungsfreien Führung und zur Sicherung des Troges nötig. An jeder Spindel arbeitet ein Antriebsmotor mit nur 110 kW. Die Spindeln werden wie beim alten Hebewerk gedreht, um den Trog kontrolliert zu bewegen; beim Hebewerk Rothensee waren die Spindeln starr montiert, gedreht wurden dort die auf dem Trog montierten Antriebs-Muttern.

less than a twin float ship lift – submitted by the New Building Office administration was superior to all of the huge number of other special proposals. (…) Whilst appreciating in detail the diverse points of view and cost factors, the Building Office decided to opt for a twin float ship lift. In autumn 1958 contracts for building the ship lift were awarded to two consortiums; one was responsible for the foundations, and the other for the steel construction, including the engines and electrical equipment."

In spring 1960, when the foundations for the new ship lift were almost complete, work began on the steel construction. Around this time, a local newspaper, the "Dortmunder Tageszeitung" published a report on the state of construction along with another report on the latest developments in inland waterway traffic, and the coal and steel industry. This stated that the turnover of goods at Dortmund harbour had not risen to 8 million tons as expected, but fallen to 5 million tonnes.

In spring 1962, test operations began at the ship lift. On 31st August 1962 the Federal German Minister of Transport, Hans-Christoph Seebohm, officially opened the "gigantic lift for canal boats". Total costs, including the ancillary sites, amounted to about 38.000.000 Deutschmarks.

The last colliery in Dortmund was closed down in 1987. In 2002 the fire in the last blast furnace in Dortmund was blown out. The era of mass goods transport was now a thing of the past.

Technology

"Floats" or "Counterweight"? The authors of the preparatory study made in 1956 recognized the inherent advantages of having a system with

Das letzte seiner Art? Unter technischen Gesichtspunkten steht das neue Schiffshebewerk Henrichenburg aus dem Jahr 1962 am vorläufigen Ende der Reihe von Schwimmer-Hebewerken. Doch die Fachdiskussion über Schwimmer-Hebewerke ist nicht abgerissen. Mündlichen Berichten zufolge gibt es in China aktuelle Pläne für einen neuen Typ Schiffshebewerk, bei dem Schwimmer- und Gegengewichts-System kombiniert werden sollen.

Schlichte Eleganz – Architektur

Für eine architektonische Gestaltung des neuen Schiffshebewerks Henrichenburg ließ der Ingenieur-Entwurf nur wenig Raum. Sie wurde dementsprechend bescheiden, doch nicht ohne Eleganz im Detail. Vergleicht man die drei Schwimmer-Hebewerke: Henrichenburg, Rothensee und neues Hebewerk Henrichenburg, dann liegt der Eindruck nahe, technischer Fortschritt und moderne, auf Funktionen reduzierte Gestaltung gehen Hand in Hand. Der auffälligste Unterschied zwischen dem ersten Schwimmer-Hebewerk und seinen beiden Nachfolgern: Eine sprechende Stein-Architektur wie beim Ober- und Unterhaupt des alten Schiffshebewerks Henrichenburg gibt es nicht mehr. Die markante Stahlfachwerk-Konstruktion mit dem eingehängten Trog am alten Hebewerk entfiel; Trog und Antrieb wurden direkt miteinander verbunden.

„Aus architektonischen Gründen", so Partenscky, sollten der Trog und der Kanal-Abschluss „möglichst keine Aufbauten erhalten." Die stattdessen gewählten Segment-Tore drehten sich bei der Öffnung des Trogs abwärts bis auf den Boden von Trog und Kanal-Haltung. Ein aufragendes Unterhaupt für Hubtore wie bei den beiden Vorgängern war damit nicht mehr nötig. Hätte man sich nicht in einem Bergsenkungs-Gebiet befunden,

floats beneath the centre of the trough. They rejected proposals put forward by the engineers Faure und Wreden to place the float shafts at the side – this solution had aready been considered for the old Henrichenburg ship lift – just as they turned down the idea of float towers beside or over the trough. The question of the design of the main construction was only very briefly broached. "As the sketches show, it will be difficult to provide a satisfactory appearance to a tall ship lift with float towers" [they were thinking of up to 12 towers; E. Sch.] On technical grounds, the two authors rejected the idea of avoiding frost damage by using liquids other than water to fill the float shafts. They also considered and rejected the suitability of building long or diagonal inclines. This solution would have been much too risky because of the huge area of land required in an area notorious for mining subsidence. Almost certainly for the last time ever, an engineer by the name of Rothmund put forward proposals for a system of submersible locks.

The ship lift trough weighs 870 tonnes and has a water capacity of ca. 4,370 tonnes. It rests on two huge cylindrical floats. Each of these weighs 315 tonnes, has a diameter of 10 metres and a height of 35.25 metres. Each float is placed in a 52.48 m shaft, full of water. Both shafts displace around 2,500 cubic metres of water, thereby keeping the whole system in balance. When the ship enters the trough, it displaces an amount of water exactly equivalent to its own weight (the Archimedes' principle). Thus the trough full of water (with or without a ship) always weighs 4370 tons and the system remains in balance. Now it only requires a relatively small amount of power to raise or lower the trough. Each of the four towers at the corner of the ship lift contains a spindle. These are neces-

wäre auch das obere Kanal-Haltungstor als nach unten wegdrehendes Segment-Tor gebaut worden. Ein Hubtor ließ sich jedoch leichter an mögliche Senkungen des Wasserstands anpassen. Die beiden verklinkerten Türme, in denen es geführt wird, wurden an den Innenseiten verglast, ebenso der Steg zwischen den Türmen. Das üppige Oberhaupt des benachbarten alten Schiffshebewerks war damit gründlich „abgespeckt" worden.

Auch die vier Führungs-Türme für die Spindeln wurden vereinfacht. Sie kommen ohne Stützen aus, nach oben verjüngen sie sich leicht. Zudem wurden die Spindel-Antriebe auf die Führungs-Türme gesetzt. Ein Glashaus auf jedem Turm schützt die Motoren vor der Witterung. Die gesamte Gestaltung des neuen Hebewerks Henrichenburg ist von Transparenz und optischer Leichtigkeit geprägt. Sie wirkt wie ein Gegengewicht zu dem technischen Schwergewicht und ist damit ganz dem Geist der modernen Architektur der 1950er Jahre verpflichet. Doch ihre Wurzeln finden sich in den Hebewerks-Entwürfen aus den dreißiger Jahren.

Das neue Schiffshebewerk Henrichenburg heute

Auch das neue Schiffshebewerk Henrichenburg hat sich im Betrieb bewährt. Darüber hinaus ist auch dieses Hebewerk ein Geschichts-Zeichen in der geplünderten Landschaft der Wasserbauwerke. Es war der krönende Abschluss des ersten Wasserstraßen-Ausbaus in der bundesrepublikanischen Nachkriegszeit: Abgeschlossen war der Ausbau des Dortmund-Ems-Kanals für das voll abgeladenen 1.000 t-Schiff in den Jahren zwischen 1951–1959. Ein wenig spiegelte sich in diesem Bauwerk auch das Selbstbewusstsein einer sparsam und dennoch erfolgreich operierenden Wasserstraßen-Verwaltung.

Hebewerks-Architektur aus einer Veröffentlichung im Jahr 1944: das Vorbild für die Architektur des neuen Hebewerks Henrichenburg?
Ship lift design published in 1944: the model for the new Henrichenburg lift architecture?

Architektur der Klarheit und Einfachheit im Gegensatz zum alten Hebewerk Henrichenburg (siehe Seite 39–40)
Architecture of clarity and simplicity in contrast to the old Henrichenburg lift *(see p. 39–40)*

sary to ensure that the trough can glide up and down without any secondary bending moment, and that it can be halted at any time. Each spindle is driven by a motor with a capacity of only 110 kW. As in the old ship lift the spindles are turned in order to maintain control of the moving trough. By contrast, the spindles on the Rothensee ship lift were fixed, and the driving screws mounted on the trough were turned.

The last of its type? – Seen from a technical point of view the new Henrichenburg ship lift, built in 1962,

Zugleich spricht es vom Niedergang der Montan-Industrie im Ruhrgebiet. Ende der 1990er Jahre gehörte der Massengut-Umschlag im Dortmunder Hafen endgültig der Vergangenheit an. Immer weniger Schiffe passierten das Henrichenburger Tor zur Welt. Als letzte große Strukturhilfe für die Dortmunder Stahl-Industrie war noch 1989 eine neue Schleuse mit Abmessungen für die großen Schubschifffahrts-Verbände mit Erz aus Rotterdam fertig gestellt worden. Kurz danach wurde der Erz-Empfänger und Stahl-Produzent Hoesch von der Friedrich Krupp AG „geschluckt" und die Rohstahl-Produktion an den Rhein verlagert.

Das Hebwerk war überflüssig geworden. Auf Grund gravierender Mängel im elektrischen System und in der Bauschale des Oberhaupts, heißt es, wurde das Hebewerk im Dezember 2005 stillgelegt.

Das darf nicht das letzte Wort sein, meint eine ähnlich breit operierende Bürger-Bewegung wie beim Schiffshebewerk Rothensee. Auch die regionale Presse, Politiker und Vereine haben sich hinter die Forderung nach dem betrieblichen Erhalt des Hebewerks gestellt – bis jetzt ohne Erfolg.

appears to mark the end of the era of ship lifts using floats. That said, there continue to be expert discussions on "float" ship lifts. Indeed, there are rumours that the Chinese are currently planning a new type of ship lift combining both floats and counterweights.

Unadorned elegance – The architecture

The engineering plan for the New Henrichenburg ship lift left little scope for architectural design. Correspondingly, the construction is modest but not without a certain elegance in detail. If we compare the three ship lifts with floats at Henrichenburg (2) and Rothensee, it is easy to get the impression that technical progress and modern functional design go hand-in-hand. The most obvious difference between the oldest of the three ship lifts and its two successors is that the Old Henrichenburg ship lift has an expressive stone architecture on both the upper and lower reach, and an imposing steel trellis work bridge with a hanging trough. Both these features are missing in the two new ship lifts, where the trough and the drive are directly linked.

According to the professor of civil engineering Hans-Werner Partenscky, the trough and the canal gate should "for architectural reasons (...) as far as possible have no superstructure". Instead, the canal and the caisson at the bottom of the lift were equipped with slightly different segment gates (one flat, one curved). The canal gate and the trough gate were opened by turning them on an axis, one to the canal ground and one to the caisson floor, thereby allowing the barges to pass across. Had the lift not been in a mining subsidence area, the upper canal gate and trough gate would also have been built in the same

fashion. But it was easier to accommodate a vertical lift gate to match the varying water levels. Both the towers in which the gate was raised up and down, were covered with Dutch clinkers on the outside and glazed on the inside, as was the walkway between the towers. By comparison with the opulently decorated gates of the old ship lift next door, the exterior appearance had been radically slimmed down.

The four guiding towers for the spindles were also simplified. They no longer required supports and tapered slightly towards the top.

Each tower contained a glasshouse to protect the engines from the vagaries of the weather. The whole design of the New Henrichenburg Ship Lift is defined by transparency and optical lightness. Its appearance makes a strong contrast with the heavyweight technology, and thus expresses the spirit of modern architecture in the 1950s. Nonetheless it is still rooted in ship lift designs from the 1930s.

Daten und Fakten/*Data and facts*

Lage/*Site*:	Am Dortmund-Ems-Kanal in Waltrop (Nordrhein-Westfalen) *On the Dortmund-Ems Canal in Waltrop (North Rhine Westphalia)*
Typ/*Type*:	Senkrecht-Hebewerk mit Gewichts-Ausgleich durch zwei Schwimmer *Vertical ship lift with counterweights provided by two floats*
Hub-Höhe/*Lifting height*:	13,75 m bis 14,50 m
Trog-Abmessungen/ *Trough dimensions*:	90 m Länge/*Length* 12 m Breite/*Width* 3 m Tiefgang/*Depth*
Schiffsgröße/*Ship size*:	bis 1.350 t Tragfähigkeit/*max. 1.350 tonnes load*
Bewegtes Gesamtgewicht/ *Total moving weight*:	5.000 t/*tonnes*
Antrieb/*Drive*:	Vier Spindelmotoren zu je 110 kW *Four 110 kW spindle drive motors*
Energie/*Power*:	Öffentliches Netz und eigene Trafostation *Public grid and own transformer plant*
Generalunternehmen/ *Construction firm*:	Arbeitsgemeinschaft *A consortium*
Offizielle Inbetriebnahme/ *Official opening date*:	31. Oktober 1962
Adresse/*Adress*:	Neues Schiffs-Hebewerk Henrichenburg Besucher- und Informations-Zentrum Zum Neuen Hebewerk 45731 Waltrop

The New Henrichenburg Ship Lift today

The New Henrichenburg ship lift has also proved its worth in operations. In addition, the ship lift is a clear historical symbol in a plundered topography of waterway constructions, for it represented the culmination of the first waterway extension in post-war Germany. Work on extending the Dortmund-Ems canal, to cater for vessels with a capacity of up to 1.000 tonnes, started in 1951 and ended in 1959. To a certain extent the ship lift also reflects the self-confident outlook of a frugal and yet successful waterways authority.

At the same time, the ship lift tells of the decline of the coal and steel industries in the Ruhrgebiet. At the end of the 1990s, the mass turnover of goods at the Dortmund harbour came to an end for good. Fewer and fewer ships now pass through Henrichenburg on their way to the outside world. The last major structural help given to the Dortmund steel industry was in 1989 when a new lock for push tow trains carrying ore from Rotterdam was completed. Shortly afterwards the Hoesch steelworks were swallowed up by Friedrich Krupp AG, and crude steel production was moved to the Rhine.

The ship lift had now become superfluous, and operations here ceased in December 2005 on the alleged grounds that there were grave defects in the electrical system and the shell of the upper chamber lock.

Just as at the Rothensee ship lift, a broadly-based grassroots movement has sprung up to protest against this decision. Their arguments in favour of keeping the ship lift have received backing from the regional press and politicians – up to now without success.

1975
Doppel-Hebewerk Lüneburg bei Scharnebeck

The Lüneburg Twin Ship Lift near Scharnebeck

Eine politisch-gemeinwirtschaftliche Last – Stichworte zur Geschichte

Kanal-Planungen haben eine lange Geschichte. Geschichtliche Veränderungen können sie grundlegend verändern.

Die Geschichte des Elbe-Seitenkanals geht bis in die Anfänge des 19. Jahrhunderts zurück. Kaiser Napoleon I. hatte nahezu den gesamten westeuropäischen Kontinent unter seine Herrschaft gebracht. Eine der Stützen für das Weltreich sollte ein transeuropäisches Wasserstraßen-Netz werden. Binnenschiffe sollten den militärischen Nachschub und den zivilen Waren-Verkehr übernehmen. Dazu sollte ein transkontinentaler „Canal de la Seine à la Baltique" – Kanal von der Seine zur Ostsee – gebaut werden. Ob Napoleons Militär-Ingenieure bei der Lösung der riesigen Aufgaben auch den Bau von Hebewerken erwogen hatten? Eine reizvolle Spekulation. Zu jener Zeit waren Hebewerke preiswerter zu bauen als eine Schleuse aus Stein. Mit der endgültigen Niederlage Napoleons I. (1815) verschwanden die großen Pläne. Die Idee blieb.

1911 legte der hoch geschätzte Ingenieur Peter Rehder (1843–1920) seine Studie „Ein Nord-Süd-Kanal" vor. Er hatte sie im Auftrag des Lübecker Senats erarbeitet. Rehder war der hauptverantwortliche Bauleiter für den im Jahr 1900 in Betrieb genommenen Elbe-Trave-Kanal (heute Elbe-Lübeck-Kanal). Der Bau eines Nord-Süd-Kanals „sei eine Pflicht des Reiches, um die dem Lübecker Handel durch den Bau des Nord-Ostsee-Kanals [1895 fertig gestellt; E. Sch.] zugefügten Schäden auszugleichen. (...) Mehrere Vergleichslösungen werden untersucht, etwas unterschiedliche Trassenführungen mit unterschiedlichen Höhenlagen der Kanalhaltungen mit Schleusen und mit Hebewerken." Folgenlos wie dieser Vorschlag blieb auch Rehders erweiterte Studie aus dem Jahr 1918. Auch hierin hatte Rehder zwei Schiffshebewerke desselben Typs vorgesehen, eins bei Lüneburg (24,30 m Hubhöhe) und eins bei Uelzen (25,30 m Hubhöhe).

Nicht die Verwirklichung alter Pläne, sondern die Nachkriegs-Geschichte im geteilten Deutschland führte zum Bau des Elbe-Seitenkanals. Bereits 1947 wurden in der sowjetischen Besatzungszone östlich der Elbe Pläne für die Anbindung der ostdeutschen Wasserstraßen an den Ostseehafen Wismar erwogen. Die geplante Kanaltrasse nahm Planungen vom Ende des 19. Jahrhunderts für einen Kanal Schwerin-Wismar auf. Unweit des Dorfes Mecklenburg wollte das Unternehmen Haniel & Lueg, um 1897 noch mit dem Bau des Schwimmer-Hebewerks Henrichenburg

A common political burden – Brief history

Canal plans have a long history. They can be fundamentally transformed by historical changes.

The history of the canal running alongside the Elbe and known as the Elbe Side Canal, goes back to the start of the 19th century. Emperor Napoleon I. had conquered almost all of Western Europe. One of the main supports for his global kingdom was to have been a trans-European network of waterways to enable him to transport military supplies and civilian goods on barges. To achieve this, a transcontinental canal was to be constructed from the River Seine to the Baltic Sea: the so-called "Canal de la Seine à la Baltique". It is a matter of speculation whether Napoleon's military engineers ever considered building ship lifts to help them solve the problems involved in such a huge enterprise. At the time a ship lift was less expensive to construct than a lock made of stone. When Napoleon was finally defeated in 1815 the huge plans disappeared. But the idea lived on.

In 1911 a highly regarded engineer by the name of Peter Rehder (1843–1920) put forward a study on a "North-South Canal", following a commission from the Lübeck Senate. Rehder was the head of the building team responsible for the Elbe to Trave Canal (now the Elbe-Lübeck Canal) which went into operation in 1900.

beschäftigt, eine geneigte Ebene errichten; es war die deutsche Variante zu dem französischen System des Ingenieurs Peslin. Die Planungen nach 1945 sahen an dieser Stelle den Bau eines Schiffshebewerks vor. Sie wurden jedoch nicht verwirklicht, ebenso wie die in den 1950er Jahren projektierte Anbindung der Berliner Wasserstraßen an den Seehafen Rostock.

In West-Deutschland hielt der Lüneburger Nordsüdkanal-Verein e.V. die alten Diskussionen lebendig. Am 1. Juni 1958 stellte er das erste wissenschaftliche „Gutachten über die wirtschaftliche Bedeutung des Nordsüdkanals" vor, am 15. Februar 1960 ein zweites. Inzwischen hatte die erste Kohlen-Krise erstmals an der Selbstverständlichkeit des bundesrepublikanischen Wirtschaftswunders gerüttelt. Nun veränderte sich die Blickrichtung der Argumentation. Nun sollte die Politik die Wettbewerbs-Fähigkeit der Ruhrkohle gegenüber der ausländischen Konkurrenz stärken. Niedrige Transport-Kosten sollten dazu beitragen. Ähnlich war der Bau des Dortmund-Ems-Kanals knapp einhundert Jahre zuvor begründet worden. Das Gutachten hielt einen Baubeginn für 1962 und eine Fertigstellung frühestens 1968 für möglich.

The building of a North-South Canal, he wrote, "is a bounden duty of the Reich, in order to compensate for the damage inflicted on Lübeck trade by the building of the North Baltic Sea Canal [completed in 1895. E. Sch.] (...) Several solutions have been examined and compared, including a variety of railway lines, and canal levels at different heights with locks and ship lifts". Rehder's study was not acted on. Nor was a second longer study, completed in 1918, which foresaw two ship lifts of the same type, one near Lüneburg (24.30 m high) and one near Uelzen (25.30 m).

Nebeneinander: die beiden Hebewerke Lüneburg

Side by side: the two Lüneburg lifts

Nachdruck und Brisanz erhielten die Pläne mit der Verschärfung der innerdeutschen Teilung. Sie verhinderte eine Einigung über die Fortsetzung der wasserbaulichen Arbeiten für die Elbe. In der Zeit des Kalten Kriegs erwies sich zudem die Argumentation für einen Nordsüdkanal als besonders schwierig, weil die Bundesrepublik Deutschland die Wiedervereinigung in das Grundgesetz aufgenommen hatte. Im Gegensatz dazu stand jedes Handeln, das die Zweistaatlichkeit hätte festigen können. Die DDR hätte ihren innerstaatlichen Nord-Südkanal gehabt und die BRD den ihren.

Daran ist um so mehr zu erinnern, als diese heiklen Zusammenhänge aus den öffentlichen Diskussionen ausgeklammert wurden. In den Broschüren der Wasserstraßen-Verwaltung zum Elbe-Seitenkanal beispielsweise blieben die politischen Zusammenhänge weitgehend ausgeblendet. Wie mit Scheuklappen konzentrierte man sich auf wirtschaftliche Argumente und auf die Darstellung unverfänglicher Technik. Eindeutig hingegen war die Formulierung der Gutachter, die die wirtschaftliche Bedeutung eines Nord-Süd-Kanals (1960) wiederholt untersucht hatten: „Hier handelt es sich (...) eindeutig um eine politische gemeinwirtschaftliche Last." Das spiegelte sich im Regierungs-Abkommen zum Bau des Elbe-Seitenkanals vom 23. September 1965 zwischen dem Bund und den Ländern Hansestadt Hamburg, Niedersachsen, Schleswig-Holstein. Hauptinteressenten an dem Projekt waren der Bund und das Land Hamburg. Sie teilten sich die Finanzierung. Der Bund übernahm zwei Drittel, das Land Hamburg, das den Bedeutungs-Verlust

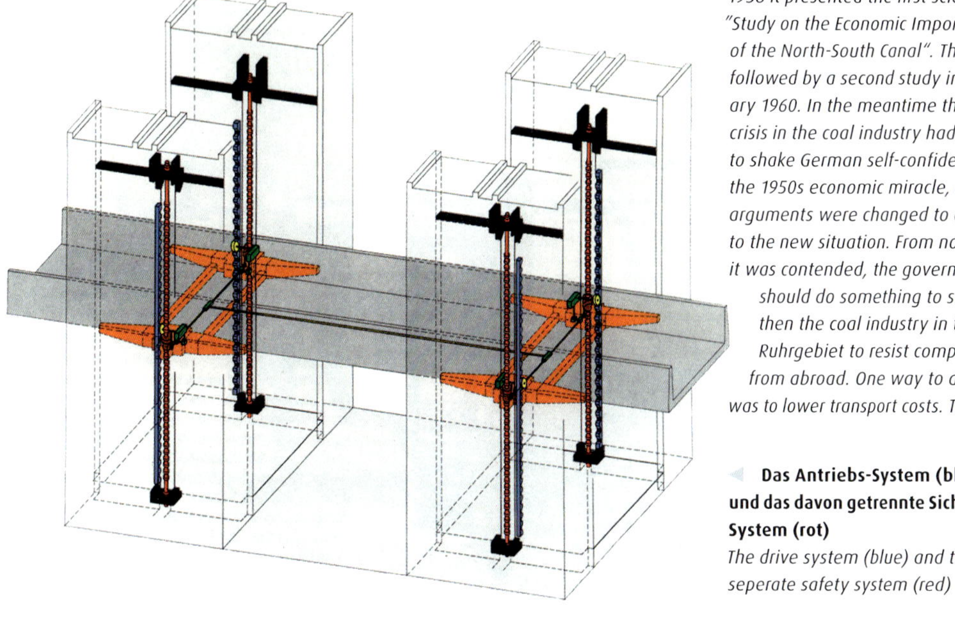

The construction of the Elbe Side Canal was not so much due to these old plans as to the post-war history of divided Germany. As early as 1947 plans were considered for linking the East German waterways to the Baltic port of Wismar, in the Soviet occupation zone east of the River Elbe. The canal route was based on plans made at the end of the 19th century for a canal between Schwerin and Wismar. Around 1897 the firm of Haniel & Lueg, which was still hard at work on constructing the ship lift at Henrichenburg, wanted to build an inclined plane not far from the village of Mecklenburg. This was the German variation of a French system devised by an engineer named Peslin. The post-war plans foresaw the construction of a ship lift here. However they were never realised; nor was the projected link between the seaport of Rostock and the Berlin waterways in the 1950s.

In West Germany the "Lüneburg North-South Canal Association" kept the old discussions alive. On 1st June 1958 it presented the first scientific "Study on the Economic Importance of the North-South Canal". This was followed by a second study in February 1960. In the meantime the first crisis in the coal industry had begun to shake German self-confidence in the 1950s economic miracle, and arguments were changed to conform to the new situation. From now on, it was contended, the government should do something to strengthen the coal industry in the Ruhrgebiet to resist competition from abroad. One way to do this was to lower transport costs. The con-

Das Antriebs-System (blau) und das davon getrennte Sicherheits-System (rot)
The drive system (blue) and the seperate safety system (red)

des Hafens befürchtete, ein Drittel der Kosten. Niedersachsen und Schleswig-Holstein profitierten von der Absicht des Verkehrsministers Hans-Christoph Seebohm, den Wasserstraßen-Transport nach und von Berlin von politischen und navigatorischen Störungen frei zu halten.

Bei der Kanal-Freigabe am 15. Juni 1976 stand das Verhältnis der beiden deutschen Staaten auf veränderten Grundlagen. Willy Brandts Ost-Politik hatte zu einer friedlichen Annäherung geführt. Unter der sozialdemokratisch geführten Koalitionsregierung mit Helmut Schmidt als Bundeskanzler und Hans-Dietrich Genscher (FDP) als Außenminister formulierte der Bundesminister für Verkehr, Kurt Gscheidle, auch die Zwecke des Elbe-Seitenkanals auf den neuen Grundlagen: „Der Anschluss an das west- und mitteldeutsche Kanalnetz soll einerseits die Wettbewerbsfähigkeit des größten deutschen Seehafens stärken. Andererseits soll dadurch auch die wirtschaftliche Entwicklung des niedersächsischen Grenzraumes durch neue Impulse gefördert werden."

Die Kosten für das Doppelhebewerk beliefen sich auf 176 Millionen DM. Vorgesehen wurde der Platz für ein weiteres Hebewerk.

Technik

Die Technik folgt den Aufträgen und Vorgaben aus der Politik. Erneut wurde untersucht, welches Abstiegs-System - die Schleuse, die geneigte Ebene oder das Senkrecht-Hebewerk – das günstigste sei. Mit den modernen geneigten Ebenen für größere Schiffe in der UdSSR (Krasnoyarsk, in Betrieb seit 1968), in Belgien (Ronquières, in Betrieb seit 1968), in Frankreich (Arzviller, in Betrieb seit 1969; Wasserkeil-Hebewerk Montech, 1973) lagen inzwischen Erfahrungen für eine System-Alternative vor. Daran erinnern die Modelle in der Ausstellungs-Halle neben dem Hebewerk Lüneburg. Aufschlussreich ist der Baukosten-Vergleich:

- Einzelschleuse mit geschlossenen Sparbecken: 104–132 Millionen DM
- Einzelschleuse mit offenen Sparbecken: 66–74 Millionen DM
- längsgeneigte Ebene (Doppelanlage): 99–103 Millionen DM
- quergeneigte Ebene (Doppelanlage): 112 Millionen DM
- Wasserkeil (Einzelanlage): 68 Millionen DM
- Senkrecht-Hebewerk (Doppelanlage): 81 Millionen DM.

In der gemeinsamen Bewertung von Bau-, Betriebs- und Unterhaltungs-Kosten war das Doppel-Hebewerk am Standort Scharnebeck bei einem Höhen-Unterschied von 38 m die wirtschaftlichste Lösung. Auch am Standort Uelzen in Esterholz waren bis zuletzt baugleiche Hebewerke für den Höhen-Unterschied von 23 m vorgesehen worden. Die Steigerung der Kosten für das gesamte Kanal-Projekt war schließlich ausschlaggebend dafür, dass eine preiswertere Einkammer-Sparschleuse gebaut wurde. In Kauf genommen wurde ihre geringere Leistung. Man ging davon aus, dass das Verkehrs-Aufkommen in den ersten Jahren noch gering sein würde. Für später sah man den Bau eines weiteren

struction of the Dortmund-Ems Canal about a century earlier was also based on similar arguments. The study claimed that it was feasible to begin construction in 1962 and finish it in 1968 at the earliest.

The plans became even more controversial when relationships between the two states in divided Germany were strained to the limit by the building of the Berlin Wall. As a result it proved impossible to agree to continue with waterway constructions on the Elbe. In addition, all arguments in favour of a North-South canal were powerfully opposed during the time of the Cold War, because the Federal Republic of Gemany had written reunification into the Basic Law. Therefore, any form of commercial activity which might consolidate the idea of two separate states ran counter to this fundamental policy. East Germany would have had its own North-South canal, as would West Germany.

It is all the more important to remember this, because such delicate issues were often excluded from public debate. For example, political issues were mostly ignored by the waterways authority in the brochures it issued on the Elbe Side Canal. The blinkered debates preferred to concentrate on the economic arguments and conventional technology. By contrast, the wording used in 1960 by the surveyors who had made repeated studies on the economic importance of a North-South Canal was absolutely clear. "This is clearly a common political burden." This view was reflected in the agreement to build the Elbe Side Canal concluded on the 23rd September 1965 between the Federal Government and the states of Hamburg, Lower Saxony and Schleswig Holstein. The major parties involved were the central government and the state of Hamburg, which feared for the future of its harbour.

Abstiegswerks vor. Doch die Planungen blieben in der Schublade liegen. Im Winter 2006 wurde der Bau der zweiten Schleuse Uelzen (190 m Nutzlänge, 12,50 m nutzbarer Breite, für Schiffe mit bis zu 2,80 m Ablade-Tiefe) abgeschlossen.

Die Suche ging weiter und die Frage nach dem Hebewerks-Typ – Schwimmer oder Gegengewichte – wurde zu Gunsten des technisch einfacheren Systems mit Gegengewichten entschieden. Für ein Schwimmer-Hebewerk mit der geforderten Hubhöhe wäre ein erheblich aufwändigerer Tiefbau notwendig gewesen. Bei einem Gegengewichts-Hebewerk lassen sich die großen Lasten der Konstruktion einfacher im Baugrund verankern, vorausgesetzt der Baugrund lässt das zu. Deshalb stehen am Anfang eines jeden Hebewerks-Projekts umfangreiche Baugrund-Untersuchungen mit Hilfe moderner Mess-Verfahren und Auswertungs-Methoden.

Betrieb

„Das Hebewerk bei Lüneburg befördert Schiffe in zwei mit Wasser gefüllten Stahltrögen, die sich unabhängig voneinander bewegen. Das Gewicht der Stahltröge einschließlich Inhalt wird durch Gegengewichte, die sich in den jeweils vier Führungstürmen befinden, ausgeglichen. An Zahnstangen bewegen sich die Tröge auf- bzw. abwärts. Bei Störung des Gleichgewichts zwischen Trog und Gegengewichten setzen sich die Lasten auf an den Türmen befindlichen Spindeln ab. Am Ober- bzw. Unterhaupt sind die Übergänge vom Kanal zum Schiffshebewerk. Dort befinden sich auch die Haltungs-Abschluss- und Trogtore, durch die Kanal und Trog ohne nennenswerte Wasserverluste getrennt werden können. Mit einer besonderen Hydraulik-Konstruktion, einem Schildschütz, wird

As a result the two agreed to split the financial burden: two thirds would be met by the central government, and one third by the state of Hamburg. Lower Saxony and Schleswig Holstein profited from the intentions of the Minister of Transport, Hans-Christoph Seebohm, to ensure the smooth passage of goods and vessels to and from Berlin, free of political and navigational disturbances.

By the time the canal was opened on the 15th June 1976, relations between the two German states had radically changed, for Willy Brandt's "Ost-Politik" had led to a more peaceful atmosphere of cooperation. Hence, the Minister of Transport, Kurt Gscheidle, in the governing coalition under Helmut Schmidt (SPD) as Chancellor and Hans-Dietrich Genscher (FDP) as Foreign Minister, reformulated the aim of the Elbe Side Canal on the basis of the new relationship: "The link to the western and central German canal network is intended, on the one hand, to increase the competitiveness of major German ports. On the other hand, it is aimed thereby to provide new impulses to promoting the economic development of the border area around Lower Saxony."

The two ship lifts cost a total of 176 million Deutschmarks. The site was also earmarked for a third ship lift.

Technology

The technology complied with the instructions and guidelines laid down by the politicians. Once again studies were made on which of the systems was the least expensive: a lock, an inclined plane, or a vertical

Blick aus dem zentralen Steuerstand
View from the operation centre

Festmachen im Trog
Mooring in the caisson

ship lift. In the intervening years an alternative system of modern inclined planes for larger vessels had gone into operation in Krasnoyarsk in the USSR, (1968), Ronquières in Belgium (1968), Arzviller in France (1969), and at the water-slope inclined plane in Montech, (1973). Models of all these can now be seen in the exhibition hall next to the Lüneburg ship lift. A comparison between the costs is revealing:

- *a single lock with a closed basin: 104–132 million DM*
- *a single lock with an open basin: 66–74 million DM*
- *a long (double) inclined plane: 99–103 million DM*
- *a transverse (double) inclined plane: 112 million DM*
- *a water-slope inclined plane (single): 68 million DM*
- *a vertical twin ship lift: 81 million DM*

After completing the assessment of the possible building, operational, and maintenance costs, it was decided that a 38 metre high twin ship lift at Scharnebeck was the most economic solution. Up to the very last moment, an identical 23 metre high ship lift was also foreseen at the Uelzen site in Esterholz. But the increased costs of the whole canal project forced these plans to be abandoned in favour of a cheaper single chamber lock, despite its smaller capacity. Those responsible for the decision assumed that there would only be a moderate amount of traffic on the canal in the first few years. Plans were drawn up for a new ship lift with a trough to be built later on, but these were never realised. In winter 2006 the construction of the second lock at Uelzen was finished (190 m long, 12,50 m wide, for ships of up to 2,80 m in depth).

Debates continued as to which type of ship lift was better – a lift with floats or with counterweights. In this case the authorities decided

der Abschluss zum unteren Vorhafen den bis zu vier Metern schwankenden Wasserständen der Elbe angepasst. Zur Unterführung einer Straße ist oberwasserseitig zwischen Kanaldamm und Hebewerk eine Kanalbrücke angeordnet, die den Verkehrsweg überspannt.

Alle Bewegungsvorgänge des Doppelschiffshebewerkes laufen vollautomatisch ab. Die Bedienung der Gesamtanlage und die Verkehrslenkung erfolgen von einem Zentralsteuerstand aus. Ein Oberer und Unterer Vorhafen bieten ausreichende Liege- und Übernachtungsmöglichkeiten für die Schifffahrt. Am Elbe-Seitenkanal ist das Doppelhebewerk das interessanteste Ingenieurbauwerk (...)". (Auszug aus einer Information der Wasser- und Schifffahrtsverwaltung)

Die Kanalbau-Kosten hatten möglichst niedrig sein sollen. Deshalb wurde die Hebewerks-Entwicklung privatwirtschaftlichen Unternehmen übertragen. Das Ergebnis war zwar auch vergleichsweise kostengünstig, allerdings um den Preis hoher Betriebs- und Unterhaltungs-Kosten. 1994 legten Ingenieure des Wasser- und Schifffahrtsamts Uelzen in Zusammenarbeit mit dem Germanischen Lloyd einen umfangreichen Erfahrungs-Bericht mit Vorschlägen für notwendige Ergänzungs- und

in favour of the technically more simple system of counterweights. Given the necessary height, a ship lift with floats would have entailed considerably more complicated and expensive foundations. In a ship lift with counterweights, the huge burden placed on the construction can be more easily anchored into the subsoil, provided of course that this is suitable. This explains why considerable studies of the soil have to be made using modern measuring systems and evaluation methods, before starting work on any project involving a ship lift.

Operation

"The ship lift near Lüneburg transports ships in two steel troughs filled with water, which move independent of one another. The weight of the steel troughs, including their contents, is counterbalanced by counterweights placed in four guiding towers. The troughs move up and down on steering racks. If there is any disturbance to the balance of weight between the trough and the counterweights, the loads are brought to a stop by means of spindles in each of the towers. The upper and lower reaches of the canal served by the ship lift each have separate gates to seal off the canal water and the trough and ensure a minimum loss of water. A special hydraulic construction – a protective shield – guarantees a flexible connection to the lower reach where water levels on the River Elbe can vary by up to 4 metres. A bridge has been built between the canal dam and the ship lift to take the

Ausfahrt in Richtung Elbe
Leaving the caisson in direction of the Elbe

Schiffe mit Import-Kohle warten vor dem Hebewerk
Push barges with imported coal waiting for the lift

Ertüchtigungs-Maßnahmen für das Hebewerk Lüneburg vor. Zeitgleich begannen die Planungen für ein neues Schiffshebewerk Niederfinow, und so konnten diese Erfahrungen rechtzeitig in die neuen Planungen einfließen.

Beton-Architektur

Weithin sichtbar wie eine mächtige Burg stehen die Türme des Doppel-Hebewerks über der Landschaft. Das Bild führt in die Irre. Die beiden eng nebeneinander stehenden Schiffshebewerke stehen an einem für ihren Zweck günstigen Platz: an einem Höhensprung vom höher gelegenen Hinterland zum tief gelegenen Urstromtal der Elbe. Der Höhen-Unterschied beträgt 38 m. Die Strecken-Planer für den Elbe-Seitenkanal erkannten hierin einen großen Vorteil. Von der Schleuse Uelzen im Süden kommend konnte der Kanal bis hierhin auf gleich bleibender Höhe durch die Lüneburger Heide nach Norden geführt werden.

Die Türme-Lösung gab dem Doppel-Hebewerk seine charakteristische Gestalt. Sie unterscheidet sich von der Gerüst- oder Block-Lösung z. B. beim Hebewerke Niederfinow. Die Zusammenfassung der Gegengewichte in Gruppen ermöglichte die klarere Gliederung in Grundformen. Eine massive Block-Bildung wie beim Schiffshebewerk Strépy-Thieu (Belgien) wird dadurch vermieden. Auch die Waben-Verkleidung der Türme trägt zur optischen Auflockerung der Beton-Flächen bei.

canal over a nearby road. All moving operations at the twin ship lift are fully automatic, and all the activities at the site, including the movements of boats, are directed from a central control point. Outer docks on the up per and lower reaches provide sufficient mooring facilities and overnight accommodation for crews. The twin ship lift is the most interesting construction on the Elbe Side Canal". (Excerpt from information provided by the waterways authority).

Since construction costs on the canal had to be kept as low as possible, responsibility for building the ship lift was handed over to private contractors. True, the total cost of building the ship lift was comparatively inexpensive, but this was done at the price of higher operational and maintenance costs. In 1994 engineers from the Waterways Office in Uelzen submitted a report, drawn up in cooperation with Germani-

Im Besucher- und Informations-Zentrum: das Modell der Wasser-keil-Ebene Fonserannes/F
In the visitor center: the model of the water-slope incline at Fonserannes /F.

Die Architektur folgte dem Geist der Zeit: Verbindung einer kühnen und eleganten Konstruktion mit einer Material-Ausnutzung bis an die Grenzen des Möglichen. Eine zentrale Vorgabe für den Architekten des Hebewerks Lüneburg war die Ausführung in Stahlbeton. Diese Lösung war preiswerter. Außerdem erwarteten die Ingenieure eine bessere Verteilung der Druck-Lasten als bei einer Gerüst-Lösung in Stahl. Nicht auszuschließen ist, dass das General-Unternehmen für den Stahl-Wasserbau am Doppelhebewerk Lüneburg, die Friedrich Krupp AG., auf länger zurück liegende Entwürfe im eigenen Haus zurück gegriffen hat. Vier auffallend ähnliche Gegengewichts-Hebewerke mit Turmlösung hatte das Krupp-Gruson-Werk im Rahmen der zwischen 1938 und 1942 ausgearbeitete Donau-Bodensee-Wasserstraßen-Planung vorgesehen.

Die zwei Schiffshebewerke heute und ein weiteres in Zukunft ?

Im Allgemeinen haben sich die Hebewerke Lüneburg im Betrieb bewährt. Große Ausnahme: Im Winter 2004/2005 führte eine Störung in der elektrischen Anlage zum mehrmonatigen Ausfall des Hebewerks auf der Westseite und damit zu erheblichen Schiffs-Staus.

Das Verkehrs-Aufkommen auf dem Elbe-Seitenkanal ist in den vergangenen Jahren deutlich gestiegen. Deshalb werden die beiden Hebewerke in drei Schichten rund um die Uhr betrieben. Weil auch viele Schiffe inzwischen größere Abmessungen haben, plant die Wasserstraßen-Verwaltung hier den Bau einer zusätzlichen Schleuse mit einer Kammerlänge von 225 m.

schen Lloyd maritime services, and containing proposals for the necessary extension work at the Lüneburg ship lift, including costcutting measures. Work was simultaneously beginning on plans to build the new ship lift at Niederfinow and the lessons learnt here were incorporated into the new plans.

Concrete – Architecture

The towers of the twin ship lift rise up into the heavens like the silhouette of a mighty fortress. But this impression is misleading. The site of the two neighbouring ship lifts is ideal only for peaceful waterways, for it lies at the point where the high hinterland drops down to the ancient valley of the River Elbe. At this point the difference in height between the two levels is 38 metres. The body responsible for planning the Elbe Side Canal immediately recognized the huge advantage of using this site; from here the canal from the Uelzen lock in the south could be conducted at a constant height through the Lüneburg Heath to the north.

The four towers are the defining architectural features on the twin ship lift, and are very different from the block frame of the Niederfinow Ship Lift, for example. By grouping together the counterweights, the architects have succeeded in clearly differentiating the basic shapes in the construction. In this way they have been able to avoid a single massive block building such as that at the ship lift at Strépy-Thieu (Belgium). The cladding on the towers also helps to lighten the optical impression of the concrete areas.

Daten und Fakten/*Data and facts*

Lage/*Site*: Elbe-Seitenkanal, bei Scharnebeck, nordöstlich von Lüneburg (Niedersachsen)
Elbe Side Canal, near Scharnebeck, north-east of Lüneburg (Lower Saxony)

Typ/*Type*: zwei voneinander unabhängige Senkrecht-Hebewerke mit Gewichts-Ausgleich durch Gegengewichte
Two independent vertical ship lifts with counterweights

Hub-Höhe/*Lifting height*: 34 m–38 m

Trog-Abmessungen/*Trough dimensions*: 100 m Länge/*Length*
12 m Breite/*Width*
3,38 m Tiefgang/*Depth*

Schiffsgröße/*Ship size*: bis 1.350 t Tragfähigkeit/*max. 1,350 tonnes load*

Bewegtes Gesamtgewicht/*Total moving weight*: 5.700 t/*tonnes*

Antrieb/*Drive*: Der Antrieb erfolgt über vier Ritzel (Zahnräder) am Trog, die in je eine an den Führungstürmen montierte Zahnstange greifen. Die gleichmäßige Drehung der Ritzel bewirkt die Auf- und Abwärtsbewegung des Trogs. Unabhängig von diesem Antrieb erfolgt die Katastrophensicherung über Spindel-Drehriegel.

Four pinions attached to the trough, each of which runs up and down steering racks in one of the four guiding towers. The smooth rotation of the pinions moves the trough up and down. To prevent accidents there are locking spindles, which work independently of the pinions.

Energie/*Power*: Jeder Trog wird von vier Drehstrom-Motoren zu je 160 kW bewegt.
Each trough is moved by four 160 kW rotary current motors.

Hubdauer/*Transportation time*: etwa 3 Minuten;
rd. 20 Minuten mit Ein- und Ausfahrt
Around 3 minutes;
including the exit and entry, around 20 minutes

Generalunternehmen/*Construction firm*: Friedrich Krupp AG

Offizielle Inbetriebnahme/*Official opening date*: 5. Dezember 1975
(Elbe-Seitenkanal: 15. Juni 1976)

Adresse/*Adress*: Schiffs-Hebewerk bei Scharnebeck
Am unteren Vorhafen 3
21379 Scharnebeck
www.wsa-uelzen.wsv.de

The architecture reflects the spirit of the time, because the elegant construction goes hand in hand with a daring use of materials which goes to the limit of what is possible. One of the main instructions given to the architects of the Lüneburg ship lift was to build it in reinforced concrete, because this was cheaper. In addition the engineers expected that this solution would be more efficient in distributing the pressure loads than a steel framework. Here, it cannot be ruled out that the main contractor for the steel building at the twin Lüneburg ship lift, Friedrich Krupp AG., used a design which had been tucked away in one of their drawers for several years. During planning for a waterway between the Danube and Lake Constance between 1938 and 1942 Krupp's Gruson plant had come up with a design for a ship lift with four strikingly similar towers.

The two ship lifts today – and another one in the future?

In general the Lüneburg Ship Lifts have proved their worth in operations. The big exception was in the winter of 2004/2005, when there was a breakdown in the electrical plant which led to operations being stopped on the western ship lift, resulting in a considerable tailback of ships.

In the last few years traffic on the Elbe Side Canal has risen considerably. For this reason both ship lifts are having to work in three shifts around the clock. There are plans for an additional lock at the site (length of the chamber: 225 m).

2018/19 Neues Schiffshebewerk Niederfinow

New Niederfinow Ship Lift

Geschichte

Zu den Voraussetzungen für den Bau eines Schiffshebewerks gehören Langzeit-Prognosen über die Wirtschaftsentwicklung. Mit dem Fall der Berliner Mauer 1989, mit der Aufnahme Polens in die EU und dem Zusammenrücken ehemals getrennter Wirtschaftsräume steigerte sich das Verkehrsaufkommen zwischen Ost- und Westeuropa erheblich, allerdings nur für einen kurzen Zeitraum. Wie schon beim Bau des Neuen Schiffshebewerks Henrichenburg Ende der 1950er Jahre verschob sich daraufhin die Begründung für den Bau des Neuen Schiffshebewerks Niederfinow am Havel-Oder-Kanal: von einer Situation der Nachfrage auf das Feld der Wirtschaftsförderung.

1992 beauftragte das Verkehrsministerium das Wasserstraßen-Neubauamt (WNA) in Magdeburg mit den Planungen für den Ersatz des alten durch ein neues Schiffshebewerk Niederfinow. Maßgebend für die Abmessungen des Schiffstrogs wurden die Abmessungen der Großmotorgüterschiffe der EU-Klasse V (bis 114 m lang, 11,40 m breit, 2,80 m Abladetiefe).

Im Jahr 2005 genehmigte das Verkehrsministerium die Planungen. Das WNA erarbeitete einen detaillierten Entwurf, der sich gegenüber den Ergebnissen der öffentlichen Ausschreibung behauptete und umgesetzt werden sollte. Rechtsstreitigkeiten verzögerten den Baubeginn und den kontinuierlichen Baufortschritt. Die Fertigstellung des neuen Schiffshebewerks Niederfinow ist für 2018/19 vorgesehen.

Die Technik

Die technische Ausgestaltung des neuen Hebewerks ist an die bewährte Konstruktion des bestehenden Hebewerks angelehnt. Das Hebewerk besteht aus einem Schiffstrog mit Gegengewichten und einer Trage-Konstruktion aus Beton. 14 Gruppen von Gegengewichten aus Beton gleichen das Gewicht des mit Wasser gefüllten Trogs aus. 224 Stahlseile laufen vom Trog über Rollen in den Seilrollen-Hallen des Hebewerks zu den Gegengewichten. Die senkrechten Lasten von 2 x 9.000 t. werden von 2 Seilrollen-Trägern in die Beton-Konstruktion eingeleitet; jede von ihnen ist in Längsrichtung auf 2 Türmen und 6 Stützen platziert. 4 Antriebe mit einer Gesamtleistung von 1.280 kW bewegen den Trog über einen Ritzel-Triebstock-Antrieb. Gerät der Trog aus dem Gleichgewicht, zum Beispiel wenn er leer läuft, kann der Trog-Antrieb die Last nicht halten. Für diesen Fall wurde das Trog-Sicherungs-System

History

One of the preconditions for building a ship lift is a forecast for its long-term commercial development. After the fall of the Berlin Wall in 1989, the inclusion of Poland in the EU and the moving together of economic areas that were once separated, traffic between Eastern and Western Europe increased considerably, but only for a short time. Just as with the construction of the new Henrichenburg shiplift at the end of the 1950s, the reasons for building the New Niederfinow ship lift on the Havel-Oder canal shifted from a question of demand to the question of business development.

In 1992 the Ministry of Transport commissioned the New Waterway Construction Authority (WNA) in Magdeburg to draw up plans to replace the old Niederfinow ship lift with a new one. The size of the caisson was to be based on the dimensions of EU class V inland cargo vessels (up to 114 metres long, 11.40 metres wide and 2,80 metres loading capacity).

The plans were approved by the Ministry of Transport in 2005. The WNA worked out a detailed outline whose implementation met the requirements of the public tender procedure. Legal disputes hampered the start of construction work and its ongoing progress. The completion of the new Niederfinow ship lift is foreseen for 2018/19.

Altes und Neues Schiffshebewerk Niederfinow (2017)
The old and new lifts at Niederfinow

entwickelt. Das System besteht aus einem Drehriegel, ähnlich einem Gewindebolzen (Durchmesser: 108,5 cm), der in einer 40 m langen Mutterbacken-Säule mit inliegendem Gewinde geführt wird. Bei Normalbetrieb auf- oder abwärts dreht sich der Drehriegel mit, ohne das Gewinde zu berühren. Geraten Trog und Gegengewichte aus dem Gleichgewicht, stoppt der Antrieb, das Ritzel federt ein und der Drehriegel setzt sich auf dem Gewinde der Mutterbacken-Säule ab. So kann der Trog in jeder Lage stabil gehalten werden. Der Steuerstand befindet sich zwischen den östlichen Türmen. Über Monitore überwacht eine Person den gesamten Betriebsablauf.

Das Architektur-Konzept – eine neue Landmarke

Weithin sichtbar, mit einer Monumentalität, die im Kontrast zur ländlichen Umgebung steht, ist das Neue Schiffshebewerk Niederfinow nicht nur eine große Maschine, sondern zuerst eine Landmarke. Nach dem Willen des Bauherrn sollte sie eine architektonisch anspruchsvolle Gestaltung erhalten. Dafür arbeiteten die Ingenieure des WNA mit dem Architekten der Bundesanstalt für Wasserbau (BAW), Udo Beuke, zusammen. Angelehnt an seine Erläuterungen zu den Ideen und Absichten der Gestaltung werden die wesentlichen Überlegungen hier kurz zusammengefasst wiedergegeben. Mit Hilfe von Modellen und Foto-Montagen erarbeitete die BAW ein Konzept, nach dem das neue Schiffshebewerk stimmig zur umgebenden Natur und zu den technischen Denkmalen, speziell zum alten Schiffshebewerk Niederfinow, sein soll. Die Träger zwischen den beiden Türmen sind als Reminiszenzen an das Bestehen des Schiffshebewerk gedacht. Die kontinuierliche Unterstüt-

Technology

The technical design of the new ship lift is based on the construction of the existing ship lift and consists of a trough with counterweights and a supporting concrete construction. 14 sets of concrete counterweights balance the weight of the trough and its water volume. 224 steel cables are attached to the concrete weights and run from the trough to the top of the lift via pulleys. The vertical loads of 2 x 9,000 tonnes are transferred to the concrete structure by means of two rope pulley beams, each of which is placed along the side of the construction on top of two towers and six columns. Four engines with a total power of 1,280 kW move the trough by means of a rack-and-pinion drive. If the trough becomes unbalanced for any reason (e.g. it is empty), the rack-and-pinion-drive is unable to sustain the load. A safety system has been developed to deal with such an emergency. This con-

zung der Seilscheibenhalle folgt einer Grundidee der Architektur: Form folgt der Funktion! Das Bild von den „2 Menschen, die ein schweres Objekt tragen“, (Aktion und Reaktion) ist der Beleg dafür, warum die stützenden Säulen um 3 Grad nach außen geneigt sind. Das mutige Farbkonzept ermöglicht es Besucherinnen und Besuchern, die unterschiedlichen Teile der Struktur zu erkennen; mit ihrer Hilfe sollen die verschiedenen Stationen der Schiffs-Hebung unterstrichen werden. Natürlich möchte Farbe dem Auge auch gefällig sein: Gestalt folgt dem Gefühl. Von den Besucher-Plattformen aus wird der direkte Blick in den Schiffs-Trog ermöglicht und man kann das Heben und Senken der Schiffe beobachten. Mit dem Blick in die verglaste Seilscheiben-Halle erhalten die Besucher einen Hinweis auf die Arbeitsweise eines Schiffshebewerks.

Wie schon für das alte Schiffshebewerk Niederfinow war auch für die Architektur des neuen Schiffshebewerks kein öffentlicher Wettbewerb ausgeschrieben worden. Zum internen Findungsprozess resümierte der Architekt Udo Beuke: „Der gemeinsame Entwurf [von Ingenieuren und Architekten; Zusatz E. Sch.] ist die bessere Lösung.“

Den Ideen und ambitionierten Absichten steht nun der fertig gestellte Baukörper gegenüber. Das Ergebnis wirft Fragen auf, zu denen abschließend nur zwei Anmerkungen folgen sollen. Die Seitenansicht der neuen Landmarke wird von zwei starken Vertikalen und einer Horizontalen bestimmt. Zwei aus der Gebäudeflucht hervorspringende, als monumentale Türme ausgebildete Stützen tragen die aufliegende, durchgehende Seilscheibenhalle. Ein zweites System aus drei schmalen Scheibenstützen-Paaren unter den beiden Enden und unter der Mitte der Seilscheibenhalle nimmt ihre Last ebenfalls auf. Mit ihrer leichten Neigung nach außen werden die Scheibenstützen am unteren Ende aus der Gebäudeflucht zurückgenommen. So stehen in der Seitenansicht des neuen Schiffshebewerks Niederfinow zwei Stützensysteme unvermittelt nebeneinander. Die Einheitlichkeit eines gemeinsamen Entwurfs im Sinne der von Beuke reklamierten „besseren Lösung“ für die „Minimierung der Bauwerksmasse“ ist hier ebenso wenig zu erkennen, wie eine Auseinandersetzung mit der Architekturkritik am alten Schiffshebewerk Niederfinow. Ein Fremdkörper ist der farblich betonte Fachwerkträger zwischen den Türmen auf beiden Seiten. Diese Dekoration soll an das alte Schiffshebewerk Niederfinow erinnern. Warum

▲ **Die Grundidee zur Architektur: Zwei Menschen tragen ein schweres Objekt**
The architectural maxim: two people carrying a heavy object

Ansicht von Süden (März 2017)
View from south ▶

Ansicht von Nord-Osten (Jan.2017)
▼ *View from southwest*

aber die Reminiszenz an das Technische Denkmal, das sichtbar in unmittelbarer Nachbarschaft steht? 2025 endet die Restlaufzeit für das alte Schiffshebewerk. Welche Zukunft gibt es dann für diese alte Landmarke, die neben ihrem Schauwert auch als „Historisches Wahrzeichen der Ingenieurbaukunst in Deutschland" überregionale Bedeutung hat? Wird – wie einst für das alte Schiffshebewerk Henrichenburg – ein Abriss vorgesehen? Auf jeden Fall wird der Gitterträger als ein ambivalentes Wahrzeichen am neuen Schiffshebewerk Niederfinow die Öffentlichkeit und die Wasserstraßenverwaltung dauerhaft an diese Fragen erinnern.

sists of a rotary lock bar, shaped like a screw, embedded in a 36 m long split-inside-thread. The bar is connected to the trough across the split. In normal lifting operations the rotary lock bar spins without touching the split-inside-thread. But if there is any disturbance to the balance the engine is halted and the rotary-lock-bar is lowered

onto the split-inside-thread. Thus the trough can be halted in any position. The control centre is situated at the top of the lift between the towers on the eastern side. From here, one person is able to control operations with the help of video display terminals.

The Architectural Concept – A new Landmark

The monumental new ship lift at Niederfinow makes a powerful contrast to its rural surroundings. It is not simply a huge piece of machinery but primarily a landmark. The intention was to give it an architecturally ambitious design. To achieve this, the WNA engineers worked alongside the architect from the Engineering and Research Institute (BAW), Udo Beuke. There follows a short résumé of his central considerations, based on his explanations of the ideas and intentions behind the design. The BAW used models and photographic compositions to ensure that the concept for the new ship lift would fit in with the surrounding countryside, existing historical monuments and, most especially, the existing ship lift. The girders between the towers are intended to remind viewers of the older ship lift. The unbroken support provided by the pulley house conforms with the architectural maxim that form should be determined by function. The metaphors of "contrapposto" – an artistic term for the curving arrangement of human figures with their limbs in different planes – and the image of "two people carrying a heavy object" (action and reaction) explain why the supporting columns lean outwards at an angle of 3°. The bold use of colour enables visitors to easily differentiate the diverse sections of the structure, and helps to illustrate the various stages of the ship-lifting operation. But colour also has an aesthetic value because form can also be determined by emotion. The viewing platforms will enable visitors to look down into the trough and watch the ships being raised and lowered. The pulley house will be glazed to help visitors get a better understanding of how the ship lift operates.

As with the Old Niederfinow Ship-lift there was no competition for public tenders for the design of the new ship-lift. The architect, Udo Beuke summed up the internal findings as follows: "The joint outline (by engineers and architects E. Sch.] is the better solution."

▲ **Ansicht von Südwesten** (Mai 2017)
View from southwest

Besucher- und Informations-Zentrum Niederfinow
Visitor- and Information-Centre Niederfinow ▼

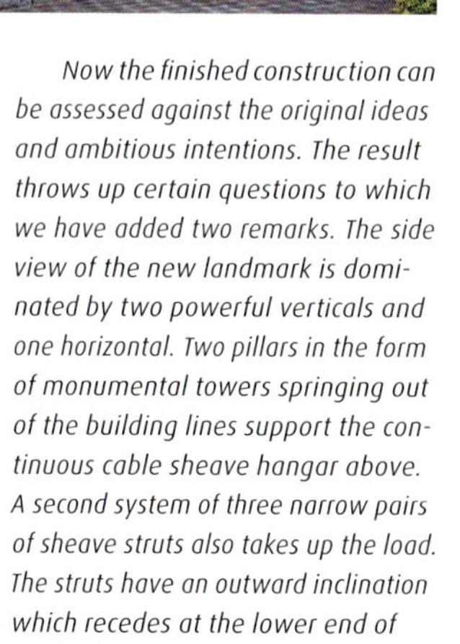

Now the finished construction can be assessed against the original ideas and ambitious intentions. The result throws up certain questions to which we have added two remarks. The side view of the new landmark is dominated by two powerful verticals and one horizontal. Two pillars in the form of monumental towers springing out of the building lines support the continuous cable sheave hangar above. A second system of three narrow pairs of sheave struts also takes up the load. The struts have an outward inclination which recedes at the lower end of the building. Thus the side view of the New Niederfinow Shiplift has two support systems immediately adjacent

to one another. Given Beuke's claim that this was a "better solution" for minimising the building mass, the uniformity of the joint outline can hardly be identified, just as it is scarcely possible to recognise any debate with the design of the Old Niederfinow Shiplift. The colourful lattice girder on either side of the towers seems like a foreign body. It is supposed to remind us of the Old Niederfinow Shiplift. The question is why we need a reminder when the technical monument is standing directly next to the new one. The remaining life of the old shiplift comes to an end in 2025. What will then be the future destiny of the old landmark which, alongside its show value, is nationally important as a monument and a "historic symbol of engineering construction in Germany"? Are there plans to demolish it, as there were for the old Henrichenburg ship lift? Whatever the case the girder support system – an ambivalent symbol on the new Niederfinow ship lift will be a permanent reminder of these questions, both to the general public and the waterways authority.

Daten und Fakten/*Data and facts*

Lage/*Site*:	Am Havel-Oder-Kanal bei Eberswalde (Brandenburg), nordöstlich von Berlin *The Havel-Oder Canal near Eberswalde (Brandenburg); northeast of Berlin*
Typ/*Type*:	Senkrecht-Hebewerk mit Gewichts-Ausgleich durch Gegengewichte *Vertical ship lift with a counterbalance provided by counterweights*
Hub-Höhe/*Lifting height*:	36 m–38 m
Trog-Abmessungen/ *Trough dimensions*:	125,5 m Länge/*Length* 18,3 m Breite/*Width* 7,5 m Tiefgang/*Draugth*
Bewegtes Gesamtgewicht/ *Total moving weight*:	18.000–19.000 t/*tonnes*
Antrieb/*Drive*:	Acht Elektromotoren mit je 160 kW Leistung treiben vier Ritzel an, die in vier am Baukörper eingelassene Zahnstangen eingreifen. *Eight engines with a capacity of 160 kW move the trough by means of a rack-and-pinion-system.*
Energie/*Power*:	Jeder Trog wird von vier Drehstrom-Motoren zu je 160 kW bewegt. *Each trough is moved by four 160 kW rotary current motors.*
Hubdauer/ *Transportation time*:	etwa 3 Minuten; rd. 20 Minuten mit Ein- und Ausfahrt *around 3 minutes; including the exit and entry, around 20 minutes*
Auftragnehmer für bisher erfolgte Planung/ *Contractor for the planning*:	Arbeitsgemeinschaft Lahmeyer International GmbH; Krebs und Kiefer GmbH; Ing. Büro Rapsch und Schubert; Germanischer Lloyd AG; Drive Con GmbH; SBE-Engineering);
Auftraggeber/ *Commisioner*:	Wasser- und Schifffahrtsverwaltung des Bundes, vertreten durch das Wasserstraßen-Neubauamt Berlin *Public waterways administration, executed by the New Constructions Office*
Offizielle Inbetriebnahme/ *Official opening date*:	2018/19 (geplant/*planned*)
Adresse/*Adress*:	Wasserstraßen-Neubauamt Mehringdamm 129 a 10965 Berlin www.wna-berlin.de

Literatur/*References*

Beuke, Udo: Visualisierung der Entwurfsidee durch computergestützte Konstruktion (CAD-Plot) und Modell, in: E. Schinkel: Schiffslift. Die Schiffshebewerke der Welt, Essen 2001, S. 332–336

Beuke, Udo: Architektur einer Landmarke – Das neue Schiffshebewerk in Niederfinow, in: Der Ingenieur der Wasser- und Schifffahrtsverwaltung 1, 2013, S. 11–14

Stahlbau 84, Heft 7, Juli 2015 [= Sonderheft mit zwölf Beiträgen zum Neuen Schiffshebewerk Niederfinow]

Heymann, Hans-Jürgen/**Siebke**, Johannes/**Schleder**, H.-P./**Pohl**, K.-H.: Neubau eines Schiffshebewerkes, in: Stahlbau 2001, S. 19–25

CHINESISCH-DEUTSCHE ZUSAMMENARBEIT: Das Schiffshebewerk am Drei-Schluchten-Damm

A Chinese-German joint venture: the vertical ship lift at the Three Gorges Dam

Das größte Schiffshebewerk der Welt steht am Drei-Schluchten-Damm in China am Fluss Yangtze (Changjiang), dem drittlängsten Fluss der Erde. Mit Hilfe des Schiffshebewerks können Schiffe die Höhen-Differenz (113 Meter max.) zwischen der Wasserhaltung oberhalb und unterhalb des Damms überwinden. Seit 2003 können Schiffe bis zu 10.000 Tonnen Wasserverdrängung diesen Damm bereits über eine doppelte Schleusentreppe mit je 5 Schleusen-Kammern passieren (Schleusen-Kammer: 280 Meter lang; 34 Meter breit; 5 Meter tief). Jetzt können auch diese großen Schiffe Chinas größten Inland-Hafen Chongqing etwa 660 Kilometer oberhalb des Damms erreichen. Mit etwa 32.000.000 Bewohnern ist die Provinz Chongqing eines der größten industriellen und wirtschaftlichen Zentren Chinas. Seine Bedeutung kann mit der des Ruhrgebiets zu seinen Blütezeiten verglichen werden. Die Zunahme des Transportvolumens ist von 10 Mio. t heute auf 50 Mio. t pro Jahr nach der Fertigstellung des Damms prognostiziert worden. Der Hauptzweck des Damms war die Verhinderung von Überschwemmungs-Katastrophen und die Erzeugung von Strom für die Region im Umkreis von 1.000 Km, einschließlich der Millionen-Stadt Shanghai. Neben den geplanten Verbesserungen gibt es viele soziale, technische und ökologische Probleme die im Einzugsbereich des neuen Staudamms noch zu lösen sind.

Theoretisch betrachtet benötigt die Schiffs-Passage über die Schleusentreppe etwa 2 Stunden. Mit Blick auf die betriebliche Organisation (Ein- und Ausfahrt möglichst vieler Schiffe) dauert die Passage länger. Zu lang für die großen Passagier-Schiffe, die nach wie vor in bedeutender Anzahl am Wasserstraßen-Verkehr beteiligt sind. Das Schiffshebewerk soll die Passage innerhalb einer Stunde ermöglichen.

Pläne für ein Schiffshebewerk gehen bis ins Jahr 1958 zurück. Damals hatte die Chinese Changjiang Water Resources Commission (CWRC) mit den Forschungen für den Drei-Schluchten-Damm begonnen.

1981 begann am Gezhouba Damm nahe Yichang, dem ersten Damm am Yangtze, die Elektrizitäts-Gewinnung. Die vollständige Fertigstellung erfolgte 1989. Hier gibt es nur Schleusen. Gleichwohl ist der Damm in vielerlei Hinsicht ein Vorläufer des Drei-Schluchten-Damms. 1993 gründete die chinesische Regierung die China Yangtze Three Gorges Development Corporation (CTG). In Zusammenarbeit mit dem CWRC Forschungsinstitut in Wuhan/Provinz Hubei sollte die Gesellschaft das Drei-Schluchten-Damm-Projekt umsetzen. In der Zwischenzeit hat die CTG weitere Aufgaben übernommen, darunter den Bau des Senkrecht-Hebewerks Xiangjiaba.

The Chinese have currently built the world's biggest vertical ship lift on the longest river in the world, the Yangtze. The Three Gorges Dam will be able to raise and lower ships with a capacity of up to 10.000 tonnes a distance of 113 metres. Since 2003, ships have been passing through a double lock flight, each of which has five chambers. Each chamber is 280 metres long, 34 metres wide and 5 metres deep. The huge ships can now reach China's largest inland harbour at Chongqing, around 660 km upstream of the dam. The province of Chongqing has a population of around 32 million inhabitants and is one of the largest industrial and business centres in China. As such it can bear comparison with the Ruhrgebiet at the peak of its activity in the 19th century. The volume of transport is forecast to increase from 10 million tons a year today to around 50 million tons a year after the dam has been completed. The main aim of the dam is to prevent flood disasters and to produce electricity for the region within a radius of 1,000 km. This includes the city of Shanghai. In addition to these improvements, there are still many social, technical and ecological problems within the catchment area of the new dam which have to be solved.

Theoretically, ships need only around 2 hours to pass through the flight of locks. But in reality operations take much longer, because of the organisational problems involved in trying to deal with as many ships as possible. Since a great many of these are large passenger ships, waiting times are much too long.

Standort des Hebewerks
Lift location

Bisher war das Doppel-Gegengewichts-Hebewerk Strépy-Thieu (Belgien) mit einer Hubhöhe von ungefähr 73 Metern und für 1.350-t-Schiffe das größte Schiffshebewerk der Welt. 2002 nahm es den Betrieb auf. Im Hinblick auf die technischen Dimensionen und vergleichbare technische Einrichtungen standen die Ingenieure aus China mit ihren belgischen Kollegen in einem Erfahrungs- und Wissens-Austausch.

Kontakte zu den Hebewerks-Fachleuten in Deutschland verstärkten sich seit 1997. Im Rahmen einer Stahlwasserbau-Tagung von Mannesmann-Rexroth gab das Unternehmen Rexroth einen Bericht über seine Erfahrungen mit Problem-Lösungen für hydraulische Konstruktions-Teile für das Schiffshebewerk Shuikou am Minjiang Damm (Provinz Fujian). Es ist seit 1998 in Betrieb. Die Bundesanstalt für Wasserbau, Karlsruhe (BAW), stellte im Verlauf dieser Tagung ihr Konzept für ein neues Schiffshebewerk in Niederfinow vor. Hier stand das Sicherheits-System im Zentrum. Vorläufer für diesen Vorschlag waren die Antriebe der deutschen Schiffshebewerke Henrichenburg (Altes Hebewerk 1899; neues Hebewerk von 1962: beide mit angetriebener Spindel und fester Spindel-Mutter), Schiffshebewerk Niederfinow (1934; Triebstock-Ritzel), Schiffshebewerk Rothensee (1938; feststehende Spindel und angetriebene Spindel-Mutter), Schiffshebewerk Lüneburg (1975; Zahnstange-Ritzel). Das Sicherheits-System (Drehriegel und Mutterbacken-Säule; Patent Loebell) war bereits erfolgreich am Alten Schiffshebewerk Niederfinow und am Hebewerk Lüneburg eingebaut worden. Im Falle einer Betriebs-Störung kann der Schiffstrog jederzeit in einer waagerechten Position stabil gehalten werden.

Die Diskussionen über Schiffshebewerke wurden am Sitz der CTG in Yichang/China fortgesetzt. 1999 erhielt die Bundesanstalt für Wasserbau den Auftrag zu einer Machbarkeits-Studie für ein Hebewerk am Drei-Schluchten-Damm auf der Grundlage des Entwurfs für das Neue

When it is built, the ship lift will reduce the passage to less than an hour.

Plans to build a ship lift here began in 1958, when the Changjiang Water Resources Commission (CWRC) decided to go ahead with feasibility studies for the Three Gorges Dam.

In 1981 electricity production began at the first dam on the Yangtze River, the Gezhouba dam near Yichang. Work on the plant, which solely contains locks, was only completed in 1989. That said, the dam is in many respects a precursor of the Three Gorges Dam. In 1993 the Chinese government set up the Three Gorges Development Corporation (CTG) to implement the project in cooperation with the CWRC Research Institute in Wuhan (in the Province of Hubei).

Since then the Development Corporation has taken on further duties, including the construction of the Xiangjiaba vertical ship lift.

Up to now, the largest ship lift in the world has been the twin counterweight lift at Strépy-Thieu in Belgium, which went into operation in 2002: it is around 73 metres high and can cater for ships of up to 1,350 tonnes.

Hebewerk Niederfinow. Mit Beteiligung von Unternehmen aus der Privatwirtschaft stellte die BAW die Studie im Mai 2000 fertig.

Bis zum Herbst 2003 blieb für Beobachter unklar, ob die Machbarkeits-Studie aus Deutschland Einfluss auf die Hebewerks-Planung in China nehmen würde. Anfang November 2003 berichteten die Three Gorges Project Daily Reports (Sanxia gongcheng ba): „Schon in Bezug auf seine Größe ist das Drei-Schluchten-Schiffshebewerk eine Herausforderung für die Entwicklung, für die Herstellung und den Bau. Das Survey and Design Insitute der CWRC ist für den Gesamtentwurf des Hebewerks einschließlich der maschinenbaulichen Hebewerks-Anlage verantwortlich. Einige zentrale Komponenten sollen dem Report zu Folge importiert werden; außerdem werden ausländische Unternehmen dazu eingeladen, ein Angebot über die Einrichtung des Schiffs-Trogs einzureichen."

Im Juni 2004 schloss die CTG einen Vertrag mit der deutschen Ingenieur-Gemeinschaft unter Federführung von Lahmeyer International, Bad Vilbel, für die Planung der Hydraulischen Systeme und der Stahl-Konstruktion. Die Bundesanstalt für Wasserbau BAW, Karlsruhe, wurde in das Berater-Gremium aufgenommen. Moderiert wurde das joint venture vom Bundesministerium für Verkehr, Bau- und Stadtentwicklung. Auf der chinesischen Seite war das CWRC Forschungs- und Entwicklungs-Institut beteiligt. Im Sommer 2005 wurden die Unterlagen der CTG zur Übersetzung und Prüfung vorgelegt.

Given the similarity in technical dimensions between the two lifts, Chinese engineers have been engaged in an active exchange of knowledge and experience with their Belgian colleagues.

Contacts with ship lift experts in Germany have also increased since 1997. At a conference in Germany that year, the Rexroth company reported on its experiences in solving problems with hydraulic construction parts for the Shuikou ship lift at the Minjiang dam in the province of Fujian. (This has been in operation since 1998). During the conference, the Federal German Waterways Engineering and Research Institute (Bundesanstalt für Wasserbau or BAW) presented its concept for a new ship lift in Niederfinow. The core concern here was safety, and the concept was modelled on the technology of the following lifts: the two ship lifts at Henrichenburg, built in 1899 and 1962 respectively, both of which have a spindle drive and a fixed spindle nut; the Niederfinow ship lift (1934, pinion rack and pinion); the Rothensee ship lift (1938, fixed spindle and spindle nut drive); and the Lüneburg ship lift (1975, toothed rack and pinion). The security system (a rotary lock bar safety system patented by Loebell)

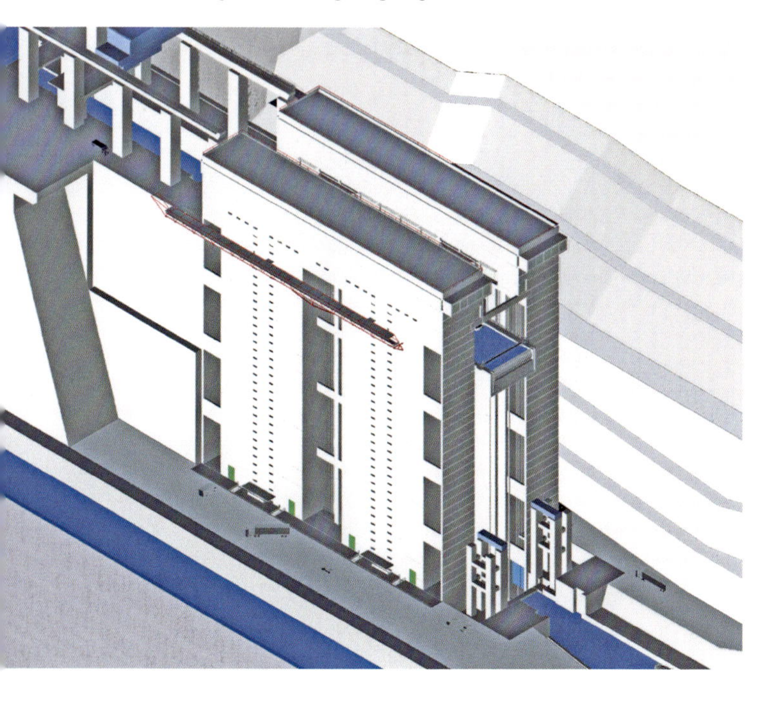

Das Hebewerk für den Drei-Schluchten-Damm: Ansicht von Süd-Ost (Plan 2005)
The Three-Gorges-Dam lift, view from south-east (design 2005)

Querschnitt durch das Hebewerk (Plan 2005)
Cross-section through the lift (design 2005)

Das weiterentwickelte deutsche Drehriegel-Sicherheits-System (Plan 2005)
The developed German nut post safety system (design 2005)

Neben den außergewöhnlichen Dimensionen für den Massivbau aus Stahlbeton, den Stahlwasserbau, den Anlagen- und den Maschinenbau wurden besonders Klimaschwankungen, aber auch außergewöhnliche Ereignisse wie Erdbeben und Havarien zu Themen eingehender Sonderstudien. Sie dienten als Grundlage für spezielle, innovative Detaillösungen.

2008 begann der Bau des Schiffshebewerks mit der Errichtung der vier massiven Stahlbetontürme auf einer auf Granit gegründeten Bodenplatte. Bereits der Betonbau erforderte eine ungewohnt hohe Genauigkeit für das später einzubauende, komplexe Antriebs- und Sicherheitssystem. Um möglichst geringe Toleranzen zu gewährleisten, wurde ein innovatives Verfahren, „eine spezielle Kombination aus Erst- und Zweitbeton sowie Verguss" (Akkermann, Wu) entwickelt. Die gesamte Bauausführung lag ausschließlich in der Hand chinesischer Unternehmen. 2015 erfolgten die ersten Trog-Bewegungen, am 18. September 2016 wurde der Probebetrieb offiziell aufgenommen.

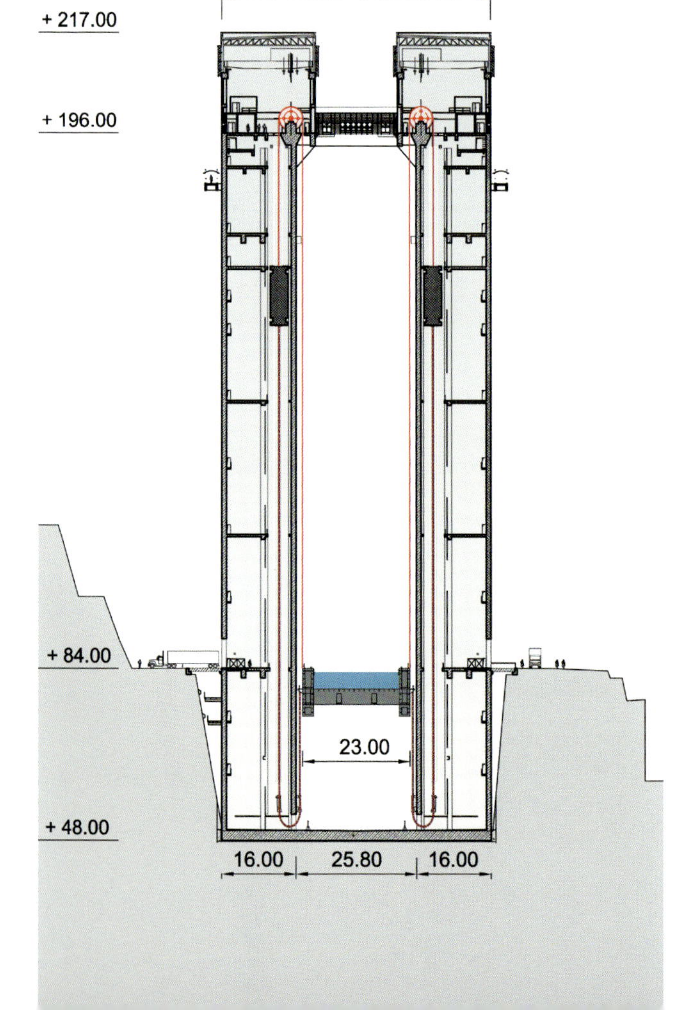

had already been successfully installed at the old Niederfinow ship lift and the ship lift at Lüneburg. Should there be a breakdown in operations the trough can be brought to an immediate halt in a horizontal position. (For a more detail description, please see the article on the new Niederfinow ship lift.)

Discussions on the advantages and disadvantages of different ship lift systems continued at the Development Corporation headquarters in Yichang. In 1999 the BAW was commissioned to make a feasibility study for a new ship lift at the Three Gorges Dam, based on the design for the new ship lift at Niederfinow. The study was undertaken in cooperation with private engineering firms, and was completed in May 2000.

Until autumn 2003 it was unclear whether the German feasibility study would have any influence on the planning of the Chinese ship lift. In November 2003 the Three Gorges Project Daily Reports (Sanxia gongcheng bo) included the following details: "Because of its size alone, the develop-

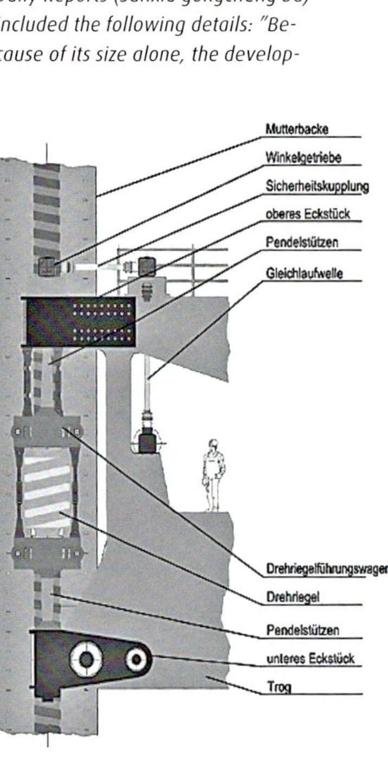

Eine Herausforderung eigener Art bei diesem Projekt waren die Kommunikation und die Kooperation der Beteiligten auch über kulturelle Grenzen hinweg. So war der Entwurf für die Anordnung und Lage der wesentlichen Großstrukturen bereits fertig gestellt, als die deutschen Ingenieure von einer neuen Anforderungen der chinesischen Auftraggeber überrascht wurden: die Gestaltung des Bauwerks sollte nicht nur funktional sein, sondern auch der Lehre des Feng Shui entsprechen.

China ist nicht nur das Land der Schiffshebewerke. Mit einer Bauwerkshöhe von 169 m, einer maximalen Hubhöhe von 113 m und bewegten Massen von ca. 33.000 t ist das Schiffshebewerk am Drei-Schluchten-Damm nun auch weltweit das größte seiner Art. Besucherinnen und Besucher erhalten mit der Aussichts-Plattform in Höhe der Seilscheibenhalle einen neuen, spektakulären Aussichtspunkt.

2017 wurden die an der Bauplanung beteiligten deutschen Unternehmen unter der Leitung von Krebs und Kiefer International und Lahmeyer International im Rahmen des Ulrich Finsterwalder Ingenieurbaupreises für ihre außergewöhnliche Planungsleistung ausgezeichnet.

ment, manufacture and construction of the Three Gorges ship lift presents a huge challenge. The CWRC Survey and Design Institute is the body responsible for designing the complete ship lift, including the lifting mechanisms." According to the report some of the central components would be imported. In addition foreign companies would be invited to submit tenders for the construction of the trough.

In June 2004 the CTGPC signed a contract with a German engineering consortium (led by Lahmeyer International in Bad Vilbel), to plan the steel construction and the hydraulic systems, and the BAW in Karlsruhe was invited to join the advisory committee. The joint-venture is chaired by the Federal German Ministry of Transport, Building and Urban Development, and the Chinese are represented by the CWRC Research and Development Institute. In summer 2005 the Development Corporation submitted its documents to be checked and translated.

Alongside the extraordinary dimensions of the reinforced concrete construction, the hydraulic steel-work, the sites and the mechanical engineering challenges, climate fluctuations and exceptional events like earthquakes and possible disasters were also the subject of special studies. They served as the basis for special, innovative detailed solutions.

Ansicht vom Unterstrom (2016)
View on the ship lift from downstream

Blick vom Trog nach oben (2016)
View from the ship chamber to the top of the lift building

Blick auf den Schiffstrog und die untere Haltung (2016)
View down on ship chamber and lower bay

Work on the construction of the ship lift began in 2008 with the erection of four massive reinforced concrete towers on a base plate set on granite. The concrete construction alone demanded an unusually high level of precision for the later insertion of the complex propulsion and safety system. An innovative process – "a special combination of first and second concrete and grouting" (Akkermann, Wu) was developed to guarantee the smallest possible tolerances. The responsibility for the overall construction was exclusively in the hands of Chinese companies. The first trough movements took place in 2015 and the first official trial began on September 18th, 2016.

Cross-cultural communication and cooperation was a unique challenge to all those concerned in the project. The outlines of the arrangement and site of the gigantic basic structures had already been decided on when the German engineers were surprised by a new demand from their Chinese client that the design should not only be functional but also correspond to classical Feng Shui teachings.

China is not only the land of shiplifts: the shiplift at the Three Gorges Dam – it is 169 metres high, has a maximum lifting height of 113 metres and can move loads of around. 33,000 tons – is the largest shiplift of its kind in the world. Visitors can enjoy spectacular views from the new viewing platform at the height of the cable sheave hangar.

In 2017 the German firms working on the construction plans under the leadership of Krebs+Kiefer International and Lahmeyer International were awarded the Ulrich Finsterwalder engineering construction prize for their exceptional achievement.

四

Die 5-stufige Scheusentreppe am Drei-Schluchten-Damm.
The 5 steps lock flight at the Three-Gorges-Dam.

Daten und Fakten/*Data and facts*

Lage/*Site*:	Bei Yichang/Provinz Hubei am Changjiang (Yangtze) *Near Yichang in the province of Hubei on the Yangtze river*
Typ/*Type*:	Senkrecht-Hebewerk mit Gewichts-Ausgleich durch Gegengewichte *Vertical ship lift with a counterbalance provided by counterweights*
Hub-Höhe/*Lifting height*:	71,2 m–113 m
Trog-Abmessungen/ *Trough dimensions*:	132 m Länge/*Length,* 23 m Breite/*Width* 4,3 m Tiefgang/*Depth*
Bewegtes Gewicht/	Wasser-gefüllter Trog: rd. 16.000 t; bewegtes Gesamtgewicht einschließlich der Gegengewichte: rd. 33.000 t
Total moving weight:	*Water-filled trough: ca. 16,000 tonnes; total moving weight, including counterweights: ca. 33,000 tonnes*
Hubdauer/	21 Minuten; Damm-Passage insgesamt: etwa 1 Stunde
Transportation time:	*21 minutes. Including the passage of the dam, around one hour*
Projektpartner/ *Contractors*:	CTG and CWRC; joint venture with a consortium consisting of Krebs und Kiefer GmbH; Lahmeyer International GmbH; Ing. Büro Rapsch und Schubert; Germanischer Lloyd AG; Drive Con GmbH; SBE-Engineering; Advisory body: BAW Germany
Offizieller Beginn des Probebetriebs/ *The official start of the trial operation*:	18. September 2016

Literatur/*Reference*

Akkermann, Jan/**Krebs**, Dorothea/**Runte**, Thomas/**Strack**, Gerhard/**Wu**, Xiaoyun: Schiffshebewerk Drei-Schluchten-Staudamm, China, Sonderdruck aus: Bautechnik 83, 2006, Heft 2; Bautechnik 93, 2016, Heft 12; Steel Construction 2, 2009, Heft 2

SENKRECHT-HEBEWERKE IN CHINA: Anlagen und Projekte

Vertical Ship Lifts in China – sites and Projects

Seit den 1950er Jahren wurden und werden in China viele Staudämme mit kleineren Hebewerken oder geneigten Ebenen für die Passage von Schiffen bis 500 t geplant. Wie viele tatsächlich gebaut wurden, ließ sich bisher nicht ermitteln. Unbestätigten Angaben zu Folge sollen etwa 50 dieser Anlagen, aber auch größere in Betrieb oder derzeit im Bau sein.

Many dams with smaller ship lifts or inclined planes for the passage of ships of up to 500 tons have been planned in China since the 1950s. However it is impossible to say how many of these have been turned into reality. According to unconfirmed information around 50 of these sites (some of them larger) are now in operation, or currently under construction.

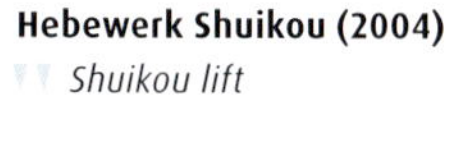

Hebewerk Yantan (2003)
Yantan lift

Angepasste Problem-Lösung: das kleinste Hebewerk Chinas in Peking (2004)
Appropriate problem solution: the smallest lift in China in Beijing

Hebewerk Shuikou (2004)
Shuikou lift

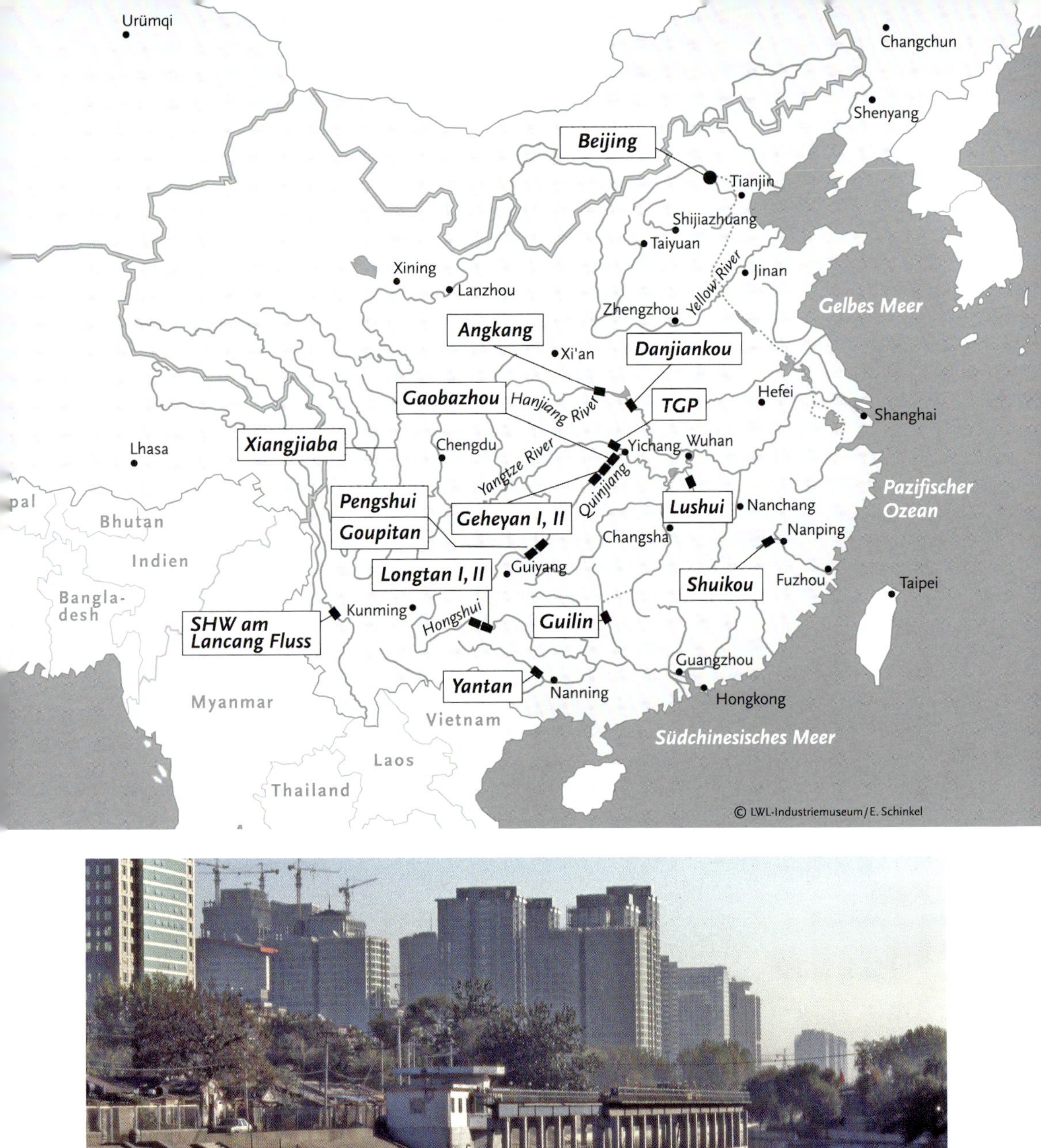
Urümqi
Changchun
Shenyang
Beijing
Tianjin
Shijiazhuang
Taiyuan
Jinan
Xining
Lanzhou
Yellow River
Zhengzhou
Gelbes Meer
Angkang
Xi'an
Danjiankou
Gaobazhou
Hanjiang River
TGP
Hefei
Shanghai
Lhasa
Xiangjiaba
Chengdu
Yichang
Wuhan
Yangtze River
Quinjiang
Pazifischer
Ozean
pal
Bhutan
Pengshui
Goupitan
Geheyan I, II
Lushui
Nanchang
Nanping
Changsha
Indien
Guiyang
Longtan I, II
Shuikou
Fuzhou
Taipei
Bangla-
desh
SHW am
Lancang Fluss
Kunming
Hongshui
Guilin
Guangzhou
Yantan
Nanning
Hongkong
Myanmar
Vietnam
Südchinesisches Meer
Laos
Thailand
© LWL-Industriemuseum / E. Schinkel

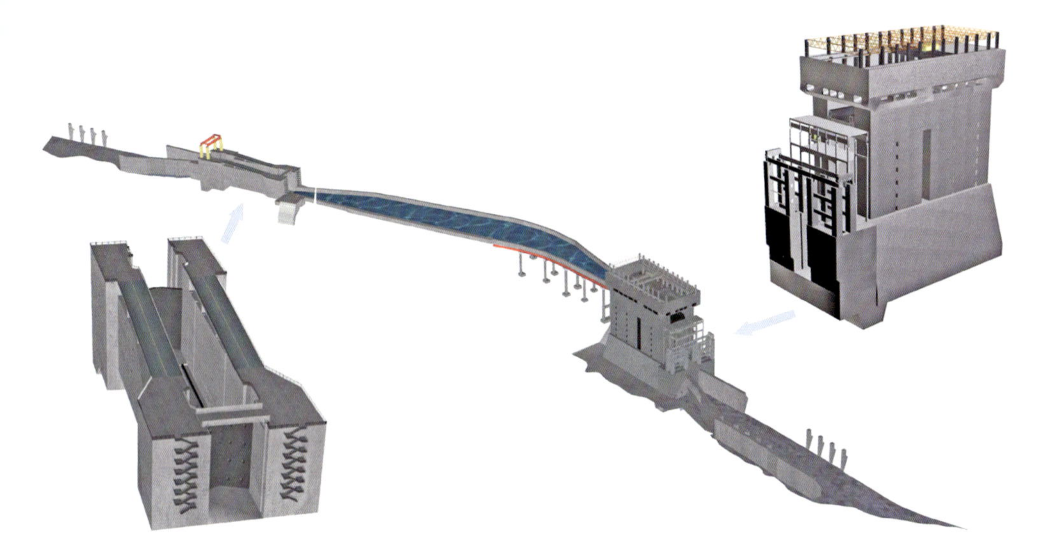

Hebewerk und Schleuse am geplanten Pengshui Damm (2006)
Lift and lock for the planned Pengshui Dam (2006)

Das Hebewerk Gulin im Song-Traditions-Park mit der Drachen-Holz-Brücke in traditioneller Bauweise (2004)
The Gulin lift in the traditional Song parc with the dragon-wood-bridge in traditional design on top

Die Hebewerks-Treppe Danjiankou mit einem Hebewerk und einer Geneigten Ebene
The Danjiankou lift flight including one vertical lift and one inclined plane

Hebewerks-Treppe: Geheyan I und II (2005)
Lift flight Geheyan I and II

Die Hebebühne des Hebewerks Danjiankou
The platform of the Danjiankou lift

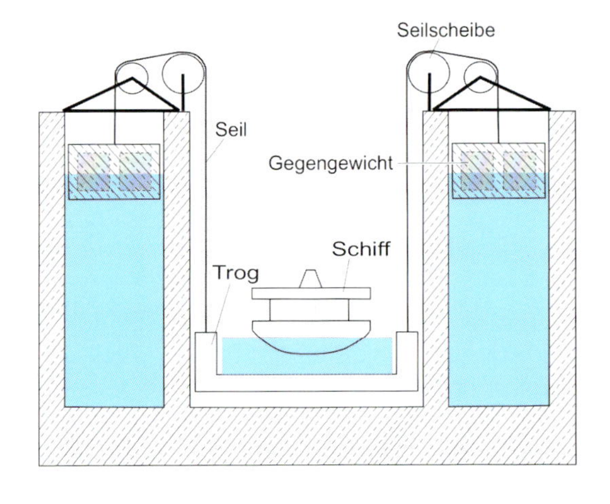

Innovativer Gewichts-Ausgleich für ein Hebewerk am Lancang (Mekong): Kombination von Gegengewichts- und Schwimmer-System (Skizze 2006)
Innovative compensation of weight for a lift on the Lancang river (Mekong): combination of the counterbalance and the floaters system (draught 2006)

SENKRECHT-HEBEWERKE UND GENEIGTE EBENEN: Knappe Stichworte zum Prinzip

Vertical ship lifts and inclined planes: A few very brief principles

Ein Verfahren zur Beförderung von Schiffen, das kein oder nur verhältnismäßig sehr wenig Wasser benötigt, ist das „mechanische" Heben und Senken der Fahrzeuge von einer Haltung zur anderen durch ein *Schiffshebewerk*. Es besteht im Grundprinzip aus einem wassergefüllten Trog, in den das Schiff einfährt und in dem es schwimmend gehoben und gesenkt wird. Da das Schiff beim Einfahren in den Trog eine seinem Gewicht entsprechende Wassermenge verdrängt, welche beim Ausfahren zurückfließt, ist die Troglast stets gleich groß.

Man kann nach der Bewegungsrichtung des Schiffes unterscheiden *senkrechte* Hebung und Hebung auf *geneigter* Ebene. Leitgedanke bei allen Hebewerken ist, die beim Heben aufgewendete Arbeit abzüglich der Reibungsverluste beim Senken wieder zur Verfügung zu haben. Dies führt zur Anwendung von zwei zwangsläufig verbundenen Trögen oder zur Anwendung von Schwimmkörpern bzw. Gegengewichten.

Die älteste Art der Schiffshebung überhaupt ist die auf *geneigter* Ebene. Von ihr wird Gebrauch gemacht, wenn zwischen zwei in verschiedener Höhe liegenden Kanalhaltungen das Gelände so geneigt ist, daß es sich zur Aufnahme einer Gleisbahn eignet oder mit nicht allzu großen Erdarbeiten entsprechend umgewandelt werden kann. Die Schiffe werden dann auf dieser geneigten Ebene mittels Wagen von der einen zur anderen Haltung befördert, und zwar entweder trocken oder schwimmend. Man spricht daher von *Trockenförderung* oder *Naßförderung*. Im erstgenannten Fall setzen sich die Schiffe unmittelbar auf die Plattform des Wagens auf, im zweiten trägt der Schiffswagen einen mit Wasser gefüllten Trog. Je nach der geringeren oder größeren Neigung des Geländes wird der Wagen längs oder auch quer zur Achse der Haltung bewegt. Der Gewichtsausgleich erfolgt hierbei wiederum entweder durch einen zweiten Wagen oder durch rollende Gegengewichte. Kleine längsgeneigte Ebenen sind die dem Wassersportverkehr dienenden „Bootsschleppen", die vielfach neben den Schleusen an den Staustufen kanalisierter Flüsse und Schiffahrtskanäle angelegt werden.

Die Mehrzahl der bis heute gebauten Hebewerke sind jedoch solche mit *senkrechter* Hebung. Unabhängig davon, ob es sich hierbei um Druckwasserhebewerke, um Hebewerke mit Schwimmern oder um Hebewerke mit Gewichtsausgleich durch Gegenlasten handelt, wird die Kraft zur Einleitung der Bewegung und zur Überwindung von Bewegungswiderständen durch ein Weniger oder Mehr in der Füllung des Schleusentroges beim Heben und Senken erzeugt.

The mechanical raising and lowering of boats and ships from one level to another by means of a ship lift is a method which needs next to no water. In principle, a ship lift consists of a trough full of water into which the ship is driven. The ship floats in the water whilst the trough is being raised and lowered. Since the ship displaces its own weight in water when it enters the trough, and the same amount of water flows back into the trough after the ship has left, the burden on the trough is always the same.

Ships can either be taken from one level to another vertically or via an inclined plane. The main idea behind all ship lifts is to be able to balance the power used in raising the lift minus the frictional loss, with an equal amount of power moving downwards. In practice this means using two linked troughs, or floats and counterweights.

Inclined plane: *The oldest method of raising ships from one water level to another is the inclined plane. This is used when the gradient between the two water levels makes it possible to construct a railway ramp at reasonable costs. The ships are then placed on a wheeled cradle and pulled up the inclined plane from one level to the other. This is either done in a "wet" or "dry" fashion, depending on whether the cradle is filled with water, or whether the ships are placed directly on a platform in the cradle. Depending on the gradient, the ship is either drawn lengthways or sideways from one level to another. Here the counterweight is provided by a second wagon or a rolling counterweight.*

Druckwasser- oder Preßkolbenhebewerke sind stets *Doppelhebewerke*. Sie wirken nach dem Prinzip der hydrostatischen Waage, wobei eine Bewegung der Tröge eintritt, sobald dem einen Trog eine größere Wasserfüllung gegeben wird als dem anderen (Abb. a).

Schwimmerhebewerke brauchen nicht wie Preßkolbenhebewerke als Doppelhebewerke erbaut zu werden. Der Schleusentrog ruht hier über Zwischenstützen auf Schwimmern, die in mit Wasser gefüllte Brunnen eintauchen und durch ihren Auftrieb das Troggewicht tragen. Ist das Troggewicht größer als der Auftrieb der Schwimmer, dann senkt sich der Trog, indem die Schwimmer in die Brunnen eindringen. Auch hier erhält in der Regel der Trog das erforderliche Übergewicht durch Einlassen einer dünnen Wasserschicht aus dem Oberwasser, wobei die Änderung des Auftriebes mit dem Eintauchen der Zwischenstützen berücksichtigt werden muß (Abb. b).

Bei **Gegengewichtshebewerken** wird die Last des Troges samt der Füllung durch Gegengewichte ausgeglichen. Es sind somit lediglich die durch Reibung entstehenden Bewegungswiderstände durch Windwerke zu übernehmen. Der Trog ist an einer größeren Anzahl von Seilen aufgehängt, die über Rollen zu Gegengewichten laufen. Seine Bewegung kann auch hier dadurch eingeleitet werden, daß man ihn

Examples of small-scale "lengthways" planes can be seen at canal locks, in harbours or marinas, where they are used to launch motor boats and yachts or pull them out of the water.

The majority of ship lifts built today, however, work on a vertical principle, using water pressure, floats or counterweights. The power needed to set the lift in motion up or down is created either by filling more water into the trough or letting out water from the trough.

***Water pressure or plunger ship lifts** are always twin ship lifts. They work on the principle of hydrostatic scales, whereby the troughs are set in motion as soon as one contains more water than the other. [see ill. a]*

***Ship lifts with floats,** by contrast, do not need to be built as twin ship lifts. Here the trough is placed on top*

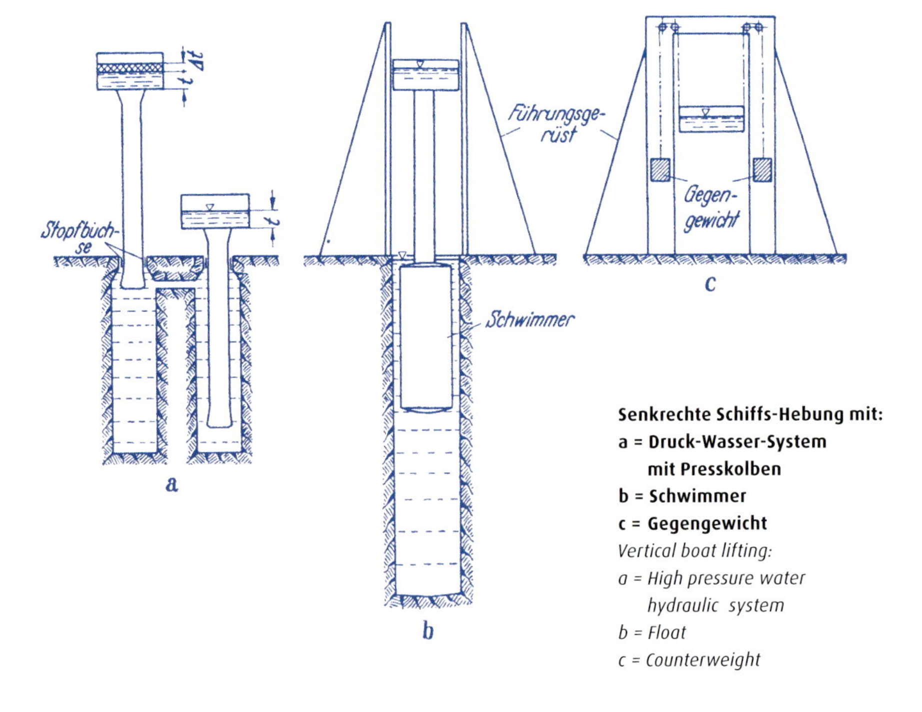

Senkrechte Schiffs-Hebung mit:
a = Druck-Wasser-System mit Presskolben
b = Schwimmer
c = Gegengewicht
Vertical boat lifting:
a = High pressure water hydraulic system
b = Float
c = Counterweight

durch Zuführen oder Ablassen einer dünnen Wasserschicht schwerer oder leichter macht. Gegengewichte sind im allgemeinen die billigste Form von Gegenkräften. Sie gestatten zudem mehrere Angriffspunkte am Trog unter beliebiger Lastverteilung. Hierbei wirkt das Eigengewicht der Seile zu Beginn der Hebung als Widerstand, gegen Ende der Hebung als Triebkraft (Abb. c).

Gekürzte Auszüge aus: Hans Dehnert: Schleusen und Hebewerke. Berlin, Göttingen, Heidelberg 1954, S. 271–273

of floats sunk into basins full of water. This creates a lifting force which enables them to bear the weight of the trough. If the weight of the trough is more than the lifting force of the floats, the floats are pushed towards the bottom of the basins and the trough moves downwards. Here too, as a rule, the necessary extra weight is provided by letting in a small amount of water from the upper reach. [see ill. b]

In counterweight shiplifts the burden of the trough and its contents is offset by counterweights. Thus the friction arising from motion resistance can be taken over by open winches. The trough is hung on a large number of cables that run over rollers to the counterweights. It can then be set in motion by letting out or introducing a small amount of water. Counterweights are generally the cheapest form of opposing forces. They allow for more connection points on the trough under random load distribution. Here the weight of the cable at the start of the lifting process has an effect on the resistance, as does the driving power at the end of the process. (Illustration c).

Brief excerpts from: Hans Dehnert: Schleusen und Hebewerke. Berlin, Göttingen, Heidelberg 1954, S. 271–273

Abbildungen/*Illustrations*

Soweit nicht anders vermerkt, stammen alle Abbildungen aus dem **LWL-Industriemuseum**, Dortmund.

Akkermann, Jan/**Krebs**, Dorothea/**Runte**, Thomas/**Strack**, Gerhard/**Wu**, Xiaoyun: Schiffshebewerk Drei-Schluchten-Staudamm, China, Sonderdruck Darmstadt 2017, S. 13, 14, 19: S. 127, 130, 131 o, 131 u

Archives Nationales, Paris: S. 24 o (Inv.Nr. : F 14 10.118b 1), 24m (Inv.Nr. : F 14 10.092, Dossier 4)

Berg, Charles: S. 26 o

Bundesanstalt für Wasserbau, Karlsruhe: S. 51 o

Chinese Three Gorges Project Corporation, Yichang: S. 51 u

Deutsches Schiffahrtsarchiv 15, 1992 (Zeitschrift des Deutschen Schiffahrtsmuseums, Bremerhaven), S. 92: S. 2

Deutsches Technikmuseum, Berlin: S. 39 o

Geheimes Staatsarchiv Preußischer Kulturbesitz, Berlin: S. 26f. (Plan-Sammlung)

Kniess, Hans-Gerhard: S. 34

Krautheim, Lothar: S. 86 m

Krebs und Kiefer GmbH, Darmstadt: S. 128, 129

Kupsch, Robert J. : Canals. New York 2004: S. 28, 29

Mengel, Thomas: S. 124 o, 124 u

National Waterways Museum/British Waterways Archive, Gloucester: S. 36

Rheinisches Landesmuseum, Bonn: S. 18 (Inv. Nr.: 43295),

Staatliche Graphische Sammlung, München: S. 14 (Inv.Nr.: 41555)

Stadt- und Bergbaumuseum Freiberg: S. 57, 58, 59

Thelu, Raymond: Les Élévateurs a Bateaux sur plan incliné. Strasbourg 1966: S. 13

Wasserstraßen-Neubauamt Berlin: S. 121, 122, 123

Literatur in Auswahl/*Selected Literature*

Die technische Literatur zu den Schiffshebewerken ist umfangreich. Daten und neuere technische Entwicklungen wurden und werden vielfach dokumentiert, zunehmend im Internet. Deshalb habe ich auf umfangreichere Angaben zur Ingenieur-Technik verzichtet. – Ausführliche Angaben zur technischen Literatur enthalten die Bücher von Dehnert, Partenscky u. a. sowie die einschlägigen Ingenieur-Zeitschriften. Die folgende Auswahl führt neuere und bisher wenig oder nicht berücksichtigte Beiträge zur Geschichte der Schiffshebewerke auf. Ein ausführliches Literatur-Verzeichnis enthält das Buch des Verfassers „Schiffslift" (2001).

Akkermann, Jan/**Krebs**, Dorothea/**Runte**, Thomas/**Strack**, Gerhard/**Wu**, Xiaoyun: Schiffshebewerk Drei-Schluchten-Staudamm, China, Sonderdruck Darmstadt 2017 [Beiträge aus: Bautechnik 83, 2006, Heft 2; Bautechnik 93, 2016, Heft 12; Steel Construction 2, 2009, Heft 2]

Arens, M.: Das Schiffshebewerk Rothensee, in: Der Bauingenieur 19, Heft 45/46, 1938, S. 599–604

Beuke, Udo: Die neue Landmarke – Das neue Schiffshebewerk in Niederfinow, in: International Navigation Association PIANC (HG.): XXXI. Internationaler Schifffahrtskongress. Estoril/Portugal. Deutsche Beiträge, Bonn 2006, S. 165–171

Constantini, M.: L'acqua di Venezia. L'approvvigionamento idrico della Serenissima, Venezia 1984

Dehnert, Hans: Schleusen und Hebewerke, Berlin, Göttingen, Heidelberg 1954

Ellerbeck, Ernst Leopold: Entwurfsarbeiten für das Schiffshebewerk Niederfinow, in: Die Bautechnik 5. Jg, H. 23, 1927, S. 319–338

Ettel, Peter/**Daim**, Falko/**Berg-Hobohm**, Stefanie/**Werther,** Lukas/**Zielhofer**, Christoph (Hg.): Großbaustelle 793. Das Kanalprojekt Karls des Großen zwischen Rhein und Donau, Mainz: Verlag des Römisch-Germanischen Zentralmuseum 2014

Kahlow, Andreas: Section, Strain and Stress: The Art of Construction from Leonardo to Modern Times, in: Icon 4, 1998, S. 157–180

Kingma, Jur: Overtomen in Nederland, in: industriele archeologie 1991, S. 48–64

Kupsch, Robert J.: Canals, New York 2004

Lohmann, Hans: Der Diolkos von Korinth – eine antike Schiffsschleppe?, in: Athenaia, Band 4, 2013, S. 207–230, http://www.academia.edu/13092137/Der_Diolkos_von_Korinth_-_eine_antike_Schiffsschleppe (6. 2. 2017)

Lorenz, Werner: Von Geschichten zur Geschichte, von Geschichte zu Geschichten: Was kann Bautechnikgeschichte?, in: Torsten Meyer, Marcus Popplow (Hg.): Technik, Arbeit und Umwelt in der Geschichte, Münster, New York, München, Berlin 2006, S. 221–237

Partenscky, Hans-Werner: Binnenverkehrswasserbau: Schiffshebewerke, Berlin u. a. 1984

Pinckert: Die schiffbare Unstruth, Sangershausen 1831

Pirenne, H.: Les overdraghes et les portes d'eau en Flandre au XIIème siècle : à propos d'une charte inédite provenant des archives d'Ypres, in : Andrew George Little, Frederick Maurice Powicke (ed.) : Essays in medieval history. Presented to Thomas Frederick Tout, Manchester 1925, S. 139–145

Plarre, Kurt: Fortschritte im Kanal-, Schleusen- und Hebewerkbau, in: Die Bautechnik Jg. 22, H. 15/18, 1944, S. 63–72

Popplow, Markus: Neu, nützlich und erfindungsreich. Die Ingenieure der Renaissance als Schrittmacher der modernen Deutung von Technik, in: Gisela Engel, Nicole C. Karafyllis (Hg.): Technik in der Frühen Neuzeit – Schrittmacher der europäischen Moderne, Frankfurt/Main: Vittorio Klostermann 2004, S. 336–355

Röttcher, Klaus: Gewässerausbauten im frühen 18. Jahrhundert an Hand der Vorschläge von Burchard Christoph von Münnich, in: Kasseler Wasserbau Forschungsberichte und Materialien Band 18, 2003, S. 51–64

Rütjerodt und **Arens**, M.: Schiffshebewerke in Deutschland. Typoskript 1956. (Beitrag für den XIX. Internationalen Schiffahrtskongreß)

Schinkel, Eckhard: Schiffshebewerke im Allgemeinen und das Alte Schiffshebewerk Niederfinow im Besonderen. Highlights der Industriekultur, in: Christoph Ohlig im Auftrag der DWhG (Hg.): DWhG-Tagungen 2014. 100 Jahre Großschifffahrtweg Berlin–Stettin, 80 Jahre Schiffshebewerk Niederfinow. 12.–14. Juni 2014 in Chorin. Wasserhistorie von Kaiser Karl dem Großen bis heute. 11.–13. September 2014 in Aachen, Clausthal-Zellerfeld o. J., S. 109–131

Ders.: Schiffshebewerk Niederfinow. 3. überarbeitete, erweiterte und aktualisierte Neuauflage, Berlin 2015

Ders.: Das alte Schiffshebewerk Niederfinow – Geschichten aus einer wechselvollen Vorgeschichte, in: Wasser- und Schifffahrtsamt Eberswalde (Hg.): 75 Jahre Schiffshebewerk Niederfinow 1934–2009, Eberswalde 2009, S. 6–25

Ders.: Technik-Transfer in schwierigen „Conjuncturen". Der Klodnitz-Kanal, Hauptschlüssel-Stollen und Stollen-Kanal mit zwei geneigten Ebenen, in: Olaf Schmidt-Rutsch (Hg.): Friedrich Wilhelm Graf von Reden (1752–1815). Beiträge zur Frühindustrialisierung in Oberschlesien und an der Ruhr, Essen 2008, S. 66–93

Ders.: Schiffshebewerke in China. Teil 1–3, in: Industrie-Kultur 1, 2004, S. 31–35; 2, 2004, S. 28–32; 4, 2005, S. 7f.

Ders.: Bernhard Ohlert ärgert sich, wandert an den Oberland-Kanal und trifft den Erbauer Johann Georg Steenke (1862), in: Mitteilungen des Canal-Vereins 24, Rendsburg 2004, S. 48–75 [zu den geneigten Ebenen am Elbing-Oberländischen Kanal]

Ders.: Schiffslift. Die Schiffs-Hebewerke der Welt. Menschen – Technik – Geschichte, Essen 2001

Tew, David: Canal Inclines And Lifts, Gloucester 1984

Thelu, Raymond: Les Élévateurs a Bateaux sur plan incliné, Strasbourg 1966

Uhlemann, Hans-Joachim; Mike Clarke: Canal Lifts and Inclines of the World, Trowbridge 2002

Wagenbreth, Otfried: Das Christbescherunger Schiffshebewerk bei Freiberg/Sachsen, in: Mitteilungen des Canal-Vereins, Rendsburg 2002, S. 147–155

Weber, Angelika: Bibliographie Elbe-Seitenkanal, Nord-Süd-Kanal. 2., überarbeitete und erweiterte Auflage, Uelzen 2005

Weski, Tim: Schleuse oder Bootsrutsche. Anmerkungen zur Überwindung von Staustufen, in: Peter Ettel, Falko Daim, Stefanie Berg-Hobohm, Lukas Werther, Christoph Zielhofer (Hg.): Großbaustelle 793. Das Kanalprojekt Karls des Großen zwischen Rhein und Donau, Mainz: Verlag des Römisch-Germanischen Zentralmuseum 2014, S. 103f., 127

Westerdahl, Christer (Übersetzung: U. Schnall): Verkehrstechnik auf Binnenwasserstraßen in Russland zur Wikingerzeit, in: Deutsches Schiffahrtsarchiv 15, 1992, S. 83–104

Dank für Rat und Unterstützung

Acknowledgements

Jan Akkermann, Darmstadt
Charles Berg, Briennon (F)
Bundesministerium für Verkehr, Bau und Stadtentwicklung, Bonn
Bundesanstalt für Wasserbau, Karlsruhe
Andrew Burnside, Falkirk (Gb)
David Edwards-May, Euromapping s.a.r.l., Seyssinet (F)
Rainer Ehm, Schifffahrtsmuseum, Regensburg
Chen Hongbin, Chinese Three Gorges Project Corporation/CTG, Yichang
Jur Kingma, Uden (Nl)
Krebs + Kiefer International, Darmstadt
Lahmeyer International, Bad Vilbel
Ministerium für Bauen und Verkehr des Landes Nordrhein-Westfalen, Düsseldorf
Song Dan, Chinese Three Gorges Project Corporation/CTG, Yichang
Thomas Runte, Darmstadt
Norbert Tempel, Dortmund
Lothar Tölle, Magdeburg
Wasser- und Schifffahrtsamt Eberswalde
Wasser- und Schifffahrtsamt Uelzen
Wasserstraßen-Neubauamt Berlin

Meilensteine der Europäischen Industriekultur

Wo steht die erste Fabrik der Geschichte? Oder die größte Dampfmaschine der Welt? ERIH kennt den Weg: Die Europäische Route der Industriekultur verknüpft die wichtigsten Standorte des industriellen Erbes Europas zu einem spannenden Netzwerk. Das Rückgrat bilden die Ankerpunkte. Dort können Besucher aller Altersstufen Industriekultur „live" erleben – durch attraktive Führungen, Multimedia-Präsentationen und herausragende Events.

Zugleich gehen von dort verschiedene regionale Routen aus. Sie erschließen Landschaften, denen die europäische Industriegeschichte ihren Stempel aufgedrückt hat. Dazu gehören immer auch weniger bekannte Industriedenkmäler – die kleinen Räder im großen Getriebe. Themenrouten stellen die Frage nach den europäischen Zusammenhängen: Welche Bodenschätze wurden wann, wo und wie aus der Erde geholt? Welche Schmiedefeuer brachten Eisen und Stahl zum Schmelzen? Welche Errungenschaften markieren den Weg von der Baumwollfaser zur Textilfabrik?

ERIH nimmt Sie mit auf eine aufregende Entdeckungsreise: in die Tiefe der Kohlegruben, auf die schwindelnden Höhen der Hochöfen, in chromblitzende Maschinenhallen und lärmende Fabriketagen, kurz: zu den Meilensteinen europäischer Industriekultur.

Ein berühmter ERIH-Standort: Das Dreh-Hebewerk Falkirk (Schottland)
A famous ERIH site: The Falkirk Wheel (Scotland)

Milestones of European industrial heritage

Where on earth was the first factory in history? Or the largest steam engine in the world? If you don't know ERIH will point you in the right direction. The European Route of Industrial Heritage has linked the most important industrial heritage sites in Europe into a single exciting network. The backbone of the network consists of Anchor Points. Here visitors can relive the different stages of industrial history by means of attractive guided tours, multimedia presentations and outstanding special events.

At the same time the Anchor Points connect into a variety of Regional Routes covering industrial landscapes which have left their mark on European history. Smaller, less well-known industrial monuments are also included. Theme Routes take a European perspective and help us to answer a variety of questions. For example, when, where and how were particular natural resources taken from the earth? Which furnace ovens brought iron and steel to melting point? Which inventions and conflicts marked the path from the cotton fields to the textile factories?

ERIH will take you on a fascinating journey of discovery down into the depths of coal mines, up to the dizzy heights of blast furnaces, into dazzling engine rooms and through deafening factories. In short, to the milestones of European industrial heritage.

www.erih.net